动物手术操作实训

（附光盘）

主编　冯寿全

上海科学技术出版社

图书在版编目(CIP)数据

动物手术操作实训/冯寿全主编. —上海：上海
科学技术出版社,2017.11
附光盘
ISBN 978 - 7 - 5478 - 3623 - 1

Ⅰ.①动… Ⅱ.①冯… Ⅲ.①动物疾病—外科手术
Ⅳ.①S857.12

中国版本图书馆 CIP 数据核字(2017)第 157922 号

动物手术操作实训(附光盘)
主编　冯寿全

上海世纪出版(集团)有限公司
上海科学技术出版社　出版、发行
(上海钦州南路 71 号　邮政编码 200235　www.sstp.cn)
浙江新华印刷技术有限公司印刷
开本 889×1194　1/32　印张 2.75
字数 60 千字
2017 年 11 月第 1 版　2017 年 11 月第 1 次印刷
ISBN 978 - 7 - 5478 - 3623 - 1/R · 1392
定价：68.00 元

内容提要

动物手术学是研究在动物体上进行手术的基本理论和技术，也是外科学进入临床的基础学科。为了训练外科手术的基本技能和操作技巧，培养无菌观念和集体协作精神，医学生必须首先通过动物手术来逐步培养各种技能。本书正是为了实现上述目标而设计的一门附属于外科学课程的教材，通过对外科动物手术学的学习，学生掌握消毒、隔离、无菌操作，学会常规手术器械的识别和正确使用方法，组织切开、分离、止血、结扎和缝合等外科操作基本技能。通过一步一步对具体手术的操练，初步掌握手术的基本技巧，并深刻理解这些操作的理论依据，为以后的临床实习和动物实验研究打下坚实的基础。

本教材精选动物手术操作项目，增设了综合性和创新性的操作内容，以协助完成手术的形式，模拟临床外科无菌术及手术方式，形式为纸质教材结合 DVD 光盘。外科手术的复杂性、特异性决定了其教学过程的难度，引入多媒体辅助教学可以变抽象思维为形象认识，使教学直观、生动、形象，有利于理解手术细节，易于理解和记忆，激发学习兴趣，提高外科手术学教学效率和教学质量。

二、血管钳

血管钳主要用于钳夹血管或出血点，亦称止血钳。血管钳在构造上大同小异，由于手术操作的需要，在构造上分为……

编委会名单

主 编
冯寿全（上海中医药大学）

副主编
顾群浩（上海中医药大学）

编 者
（以姓氏笔画为序）

马 超（中国协和医科大学）

王 炜（中国协和医科大学）

冯寿全（上海中医药大学）

张晓东（上海中医药大学）

张静喆（上海中医药大学）

顾群浩（上海中医药大学）

黄建平（上海中医药大学）

蔡照弟（上海中医药大学）

审 校
蔡 端（复旦大学）

插 图
朱晓明（上海中医药大学）

陈 徽（上海中医药大学）

前　言

　　动物手术学是外科学的重要组成部分,手术是外科治疗的主要手段之一,手术成功与否与患者的生命安危息息相关。随着科学的发展及诊疗技术的进步,手术治疗疾病的范围在不断扩大,手术操作技巧有很多改变和创新,出现了许多新的手术方式,传统的手术方法也在改变,新的手术手段、新的手术材料也在不断融入外科手术应用中。虽然外科手术的种类繁多,范围大小、复杂程度和操作难易的差别很大,但所有手术都离不开切开、显露、止血、结扎和缝合等基本操作,都必须遵守无菌操作原则,都需要有满意的麻醉作为保证。

　　为了训练外科手术的基本技能和操作技巧,培养严格的无菌观念和集体协作精神,医学生必须首先通过动物手术来逐步培养各种技能。《动物手术操作实训》正是为了实现上述目标而设计的一门附属于《外科学》的课程,通过对外科动物手术学的学习,学生掌握无菌技术,正确的穿手术衣、戴无菌手套、手臂的消毒、手术区皮肤的消毒和铺盖无菌治疗巾;学会常规手术器械的识别和正确的使用方法,基本的组织切开、分离、止血、结扎和缝合等外科操作技能。通过一步一步对具体手术的操练,初步掌握手术的基本技巧,并深刻理解这些操作的理论依据,为以后的临床实习和动物实验研究打下坚实的基础。

本教材以加强基础、培养能力、提高素质为出发点,精选了动物手术操作项目,增设了综合性和创新性的操作内容,以4～5人为一组协助完成手术的形式,模拟了临床外科无菌术及手术方式,让学生在完成外科手术过程中,提供给学生一个展示综合学习水平和创新能力的平台。

本书形式是纸质教材结合视频光盘。纸质教材是在上海中医药大学附属岳阳中西医结合医院西医外科教研室主编的《动物手术学讲义》的基础上,由上海中医药大学各附属医院外科专家共同重新编写,细化了动物手术的特点,增加了人体解剖要点、操作步骤、术中及术后注意事项。内容力求通俗易懂,图文并茂,尽量能多安排图片及注释,以利指导学生实际操作。

总结动物手术学课程近10年的教学经验,每年学生手术课前准备不足是影响教学质量最主要的问题。学生课前对基本操作未能练习,导致实验课操作时,对动物手术流程不熟悉;外科打结、备皮、麻醉等操作更是生疏,严重影响了动物手术的成功率。基于此,本教材制作了多媒体视频,由外科教研室集体讨论、设计、编排外科手术基本操作、离体动物肠端端吻合术、盲肠切除术、脾切除术等手术,并由经验丰富的外科医生操作完成,由专业的摄影师拍摄并制作成DVD光盘。课前要求学生预习观看视频资料,熟悉手术步骤。手术时反复播放相关的动物手术操作内容,学生可以边操作、边观看,突出了教师示范的细节操作,有效地节约了教师在课堂上的讲解及示教时间,从而增加了学生实践操作的时间。学生获得知识不再依靠课堂有限的时间,实现了课堂教学和自学方式的结合,相对于传统教学有着无法比拟的优势。外科动物实习是学生最能有动手机会的学习阶段,而形象、直观、感性的多媒体表现方式能体现现代医学教学的特点，可以极大地提高外科教学的效果，提升教学质量。

　　本书收集编写的手术方法均为基本方法，由于各种条件限制，未能将其他一些手术方法一一介绍及展示。此外，外科手术目前处于迅速发展阶段，手术操作时可根据具体条件和具体手术设计实施。

　　本书适用于中医院校的中医专业、中西医结合专业学生使用。在教学中，应加强建立完善的中医院校实验教学体系，以加强基础、培养能力、提高素质为出发点，培养学生严格的无菌观念和手术基本操作技能，着重培养学生的动手能力，为学生创造一个多参与、多动手的环境和机会。

　　由于编写时间仓促，编者水平有限，内容不成熟、遗漏和错误之处在所难免，希望读者多提宝贵意见，以备修正。

编　者

2017 年 8 月

目　录

第一章　概述 …………………………………………………… 001

一、学习内容 ……………………………………………… 001

二、学习方法 ……………………………………………… 002

三、学习须知 ……………………………………………… 002

四、手术实习时的人员分工 ……………………………… 003

第二章　动物麻醉 …………………………………………… 005

一、麻醉前的准备工作 …………………………………… 005

二、麻醉的类型和方法 …………………………………… 006

三、麻醉效果的观察 ……………………………………… 009

四、麻醉注意事项 ………………………………………… 010

第三章　消毒 ………………………………………………… 012

一、刷手(肥皂刷手法) …………………………………… 012

二、穿无菌手术衣和戴手套 ……………………………… 013

三、手术包的打包和解包方法 …………………………… 016

四、手术区域的准备 ……………………………………… 017

第四章　外科常用手术器械及正确使用方法…………………… 020

　　一、手术刀 …………………………………………………… 021

　　二、手术剪 …………………………………………………… 022

　　三、血管钳 …………………………………………………… 024

　　四、持针钳 …………………………………………………… 026

　　五、手术镊 …………………………………………………… 027

　　六、缝针 ……………………………………………………… 028

　　七、缝线 ……………………………………………………… 029

　　八、常用钳类器械 …………………………………………… 031

　　九、牵引钩类 ………………………………………………… 033

　　十、吸引器 …………………………………………………… 035

　　十一、敷料 …………………………………………………… 036

第五章　外科手术基本操作………………………………………… 037

　　一、切开 ……………………………………………………… 037

　　二、剥离 ……………………………………………………… 041

　　三、止血 ……………………………………………………… 043

　　四、打结 ……………………………………………………… 047

　　五、缝合 ……………………………………………………… 054

　　五、剪线、拆线 ……………………………………………… 063

第六章　动物手术操作实训………………………………………… 066

　　一、离体动物肠端端吻合术 ………………………………… 066

　　二、狗盲肠切除术（仿人体阑尾切除术）………………… 069

　　三、狗脾脏切除术 …………………………………………… 073

第一章

概　述

医学生毕业后,无论是从事临床专业的诊疗工作,还是从事基础学科的实验研究,都会或多或少涉及手术的基本操作。手术学是教授外科手术基本操作的一门课程。外科手术是治疗疾病的一种方法,尽管临床上手术的种类繁多,手术的范围、大小以及复杂的程度也有很大差别,但是手术的基本操作相同。切开、分离、止血、打结、缝合等都是手术的基本操作,也是做好手术的必要条件,故必须认真学好手术学这门功课,建立无菌观念和初步掌握手术的基本操作技术,为以后的临床学习、工作或实验研究打好基础。

一、学习内容

(1) 手术学基础:包括无菌观念的建立,无菌原则的实施,手术器械的正确使用,手术基本操作法如组织切开分离法、止血法、缝合法和结扎法等的规范化实施及其原理。

(2) 动物小手术的实习:通过动物体内一些小手术的实施,模拟临床人体手术,强化手术学基础的训练,学生们初步掌握手术的基本技能。

二、学习方法

（1）预习实习内容，了解实习操作方法及步骤。

（2）实习程序：课前布置手术实习室环境，领取和安置实习用品，如动物或离体组织器官、手术器械包、药品等。活体手术先行麻醉诱导和手术区域备皮。观摩相关操作录像和带教老师的示教性操作，然后以小组为单位完成规定的操作实习任务。术中遇有疑难问题应及时请教带教老师。课后总结经验和教训，并完成手术记录或麻醉单的书写，交老师评阅。

（3）实习分组：实习同学应分为若干小组，每个手术小组以 4～8 人为宜。小组各成员轮流担任主刀、助手、洗手护士、麻醉师等。

三、学习须知

（1）穿工作服、戴口罩和帽子后方可进入实习室，严格遵守无菌原则。

（2）必须认真严肃，保持实习室内安静，禁止大声谈笑或喊叫。

（3）应有高度责任心，不可草率从事，应视动物手术如同临床手术。

（4）要分工明确，相互合作。

（5）保持室内清洁卫生，不仅要保持手术野的清洁和整齐，而且还要及时清除动物的粪便。

（6）厉行节约，爱护公物，器具用完后归还原处，避免损害，切勿遗失。

（7）手术完毕后，将用过的器械洗净擦干，放在规定处，并做好室内卫生。

（8）课后完成实习报告或手术记录。

学生进入模拟手术室学习动物手术应当同进入医院手术室做手术一样认真，不能认为动物手术就可以马虎而不顾手术效果。在整个手术实习过程中都必须在老师的指导下树立无菌观念，严格遵守无菌操作原则，防止细菌进入伤口而引起感染。

四、手术实习时的人员分工

手术人员为统一整体。必须明确分工，除各自完成任务外，还必须做到术中密切配合，发挥整体的力量，共同完成手术任务。

外科手术实习小组中，参加手术人员的基本分工如下。

（1）手术者（主刀）：对所进行的手术全面负责，术前必须掌握病情、术前准备情况，决定手术方案。一般站在动物的右侧（腹部手术）或操作方便的位置，负责切开、分离、止血、结扎、缝合等操作。手术完毕后书写手术记录。在手术过程中如遇到疑问或困难时，应征询带教老师和其余参加手术人员的意见，共同解决问题。

（2）第一助手：术前查对动物，摆好手术体位，应先于主刀洗手，负责手术区域皮肤的消毒与铺巾。手术时站在手术者的对面，负责显露手术野、止血、擦血、打结等，全力协助手术者完成手术。手术完毕后负责包扎伤口，如有特殊情况，手术者因故离去，应负责完成手术。

（3）第二助手：根据手术的需要，可以站在手术者或第一助手的左侧，负责传递器械、剪线、拉钩和保持手术野清洁整齐等工作。

（4）洗手护士：最先洗手后站在手术者右侧，在手术开始之前，清点和安排好手术器械。在手术过程中负责供给和清理所有的器械和敷料，手术者缝合时，将针穿好线并正确地夹持在持针钳上递给手术者。器械师尚须了解手术方式，随时关注手术进展，默契适时地传递手术器械。此外，在手术结束前，认真详细地核对器械和敷料的数目。

（5）麻醉师：负责取、送动物，实施麻醉，并观察和管理手术过程中动物的生命活动，如呼吸或循环的改变。如有变化应立即通知手术者，并设法急救。

（6）巡回士：负责准备和供应工作。摆动物体位，并绑缚动物，打开手术包，准备手套，协助手术人员穿好手术衣，随时供应手术中需要添加的物品。清点、记录和核对手术器械、缝针和纱布等。

以上尽管列出了参加手术人员明确具体的分工，但是在临床上给患者实施的手术实际上是一个以患者为中心，以顺利完成高质量手术为目的的手术小组的集体活动。参加手术人员切不可教条于分工的教条，而应该相互尊重、相互帮助、精诚合作、默契配合。

第二章

动 物 麻 醉

在动物手术前均应将动物麻醉,以减轻或消除动物的痛苦,保持安静状态,从而保证实验顺利进行。由于麻醉药品的作用特点不同,动物的药物耐受性有种属或个体间差异和实验内容及要求的不同,因此正确选择麻醉药品的种类、用药剂量及给药途径十分重要。理想的麻醉药品应当是对动物麻醉完善,其毒性和对生理功能干扰最小,且使用方便。

一、麻醉前的准备工作

(1)熟悉麻醉药品的特点:根据实验内容合理选用麻醉药。例如,乌拉坦对兔和猫的麻醉效果好,较稳定,不影响动物的循环及呼吸功能。氯醛糖很少抑制神经系统的活动,适用于保留生理反射的实验。乙醚对心肌功能有直接抑制作用,但兴奋交感肾上腺系统,全身浅麻醉时,可增加心输出量20%。硫喷妥钠对交感神经抑制作用明显,因副交感神经功能相对增强而诱发喉痉挛。

(2)麻醉前应核对药物名称,检查药品有无变质或过期失效。

(3)狗、猫等手术前应禁食12 h,以减轻呕吐反应。

(4)需在全麻下进行手术的慢性实验动物,可适当给予麻醉辅助药。例如,皮下注射吗啡镇静止痛,注射阿托品减少呼吸道分泌物的产生等。

二、麻醉的类型和方法

1. 全身麻醉方法

(1)吸入麻醉:吸入麻醉是将挥发性麻醉剂或气体的麻醉剂经过动物的呼吸道进入体内产生麻醉的效果。常见的麻醉剂有乙醚、安氟醚、三氟乙烷等,其中乙醚因麻醉深度容易掌握、安全、动物容易恢复等优点,使用最为广泛。

1)大鼠、小鼠、豚鼠的乙醚麻醉:将含有乙醚的棉球/纱布放在大烧杯中,将动物放入,封口。动物先兴奋后抑制,自行倒下。当动物角膜反应迟钝、肌肉紧张度降低时,即可取出动物。如果动物逐渐恢复肌肉紧张(挣扎),可重复麻醉一次,待平静后即可开始实验。如果实验时间较长,可将动物固定,在其口鼻处放置含有乙醚的棉球或纱布,并在实验中注意动物的反应,适时追加乙醚的吸入量,以维持麻醉的深度。

2)猫、兔的乙醚麻醉:将动物放进含有乙醚的棉球/纱布的麻醉瓶中,封口。经过 $1\sim2$ min,从动物后腿依次出现麻痹现象,而后失去运动能力,表明动物进入麻醉状态。$4\sim6$ min 后可以将动物麻醉,如观察到动物倾斜不能站立、跌倒时,说明动物已经深度麻醉,立即取出动物,这时动物肌肉松弛、四肢紧张度降低,角膜反射迟钝,皮肤痛觉消失,可进行试验。

3)犬的乙醚麻醉:首先将犬用绳子绑定,根据犬的大小选择适合的麻醉口罩,将纱布/棉花放到口罩内,加入乙醚。一人固定犬的前后肢,另一人用膝盖顶住犬的胸颈处,一手捏住头颈(注意力量,防止窒息),将口罩套在犬嘴上。开始乙醚用量可大一些,之后逐渐减少。犬开始兴奋后出现挣扎、呼吸不规则现象,而后呼吸逐渐平稳,肌肉紧张度逐渐消失,角膜反射迟钝,对皮肤刺激无反应,此时可开始实验。

乙醚吸入如果出现呼吸窒息应暂停吸入乙醚,等呼吸恢复后再继续吸入。随着吸入乙醚麻醉的加深,犬的呼吸加深,肌肉紧张度增加,可能会出现窒息。预防的办法是:在犬每吸入数次乙醚后,取下口罩,让其呼吸一次新鲜空气。

(2)非吸入麻醉:该方法是一种简单方便能够让动物很快进入麻醉期,并且没有明显兴奋期的麻醉方法。一般采用注射的方法,有静脉注射、肌内注射、腹腔注射等。

静脉注射、肌内注射主要用于较大动物的麻醉,如兔、猫、猪、犬等;腹腔注射多用于较小动物的麻醉,如小鼠、大鼠、沙鼠、豚鼠等。

静脉注射的部位是:兔、猫、猪由耳缘静脉注射,犬由后肢静脉注射,小鼠、大鼠由尾静脉注射。肌内注射多选择臀部。腹腔注射部位约在腹部后 1/3 处略靠外侧(避开肝脏、膀胱)。不同动物的全身麻醉剂用量和用法见表 2-1,表 2-2。

表 2-1　不同动物的全身麻醉剂用量和用法

动物	给药途径	盐酸氯胺酮(mg/kg)	戊巴比妥(mg/kg)	硫喷妥钠(mg/kg)	水合氯醛(10%)(mg/kg)	乌拉坦(20%)(g/kg)
小鼠	i.v.		35	25		
	i.p.		50	50	400	
	i.m.	22～44				
大鼠	i.v.		25	20		
	i.p.		50	40	300～400	0.75～1
	i.m.	22～44				

(续表)

动物	给药途径	盐酸氯胺酮（mg/kg）	戊巴比妥（mg/kg）	硫喷妥钠（mg/kg）	水合氯醛（10%）（mg/kg）	乌拉坦（20%）（g/kg）
地鼠	i.v.			20		
	i.p.		35	40	200～300	
豚鼠	i.v.		30	20		
	i.p.		40	55	200～300	1.5
	i.m.					
兔子	i.v.		30	20		1.0
	i.p.		40			1.0
	i.m.	22～44				
猫	i.v.		25	28	300	1.25～1.5
	i.p.					1.25～1.5
	i.m.	15～30				
犬	i.v.		30	25	125	1.0
猴	i.v.		35	25		
	i.p.			60		
	i.m.	15～40				
绵羊	i.v.		30			
山羊	i.v.		30			
猪 <45 kg	i.v.		30～20	9～10		
	i.m.	10～15				
猪 >45 kg	i.v.		15	5		
	i.m.	10～15				

表 2-2　常用动物麻醉药物剂量及使用方法

麻醉药	动物	给药途径	浓度（%）	剂量（mg/kg）	持续时间（h）	其他
戊巴比妥钠	兔	静脉	3	30		
	狗猫	腹腔	3	35	2～4	麻醉较平稳
	鼠	腹腔	3	40		

（续表）

麻醉药	动物	给药途径	浓度（%）	剂量（mg/kg）	持续时间（h）	其 他
乌拉坦	兔猫	静脉	20	1 000	2～4	对器官功能影响较小
	鼠	腹腔	20	1 000		
硫喷妥钠	狗猫	静脉	2.5～5	15～25	0.5～1.5	溶液不稳定现用现配，不易皮下肌内注射
	兔	静脉	2.5～5	10～20		

动物经注射麻醉药物后约几分钟倒下，全身无力，反应消失，表明已经达到适宜的麻醉效果，是手术最佳的时间。接近苏醒时，动物的四肢开始抖动，此时如果手术没有结束可采用乙醚麻醉。在手术过程中如果发现动物抽搐、排尿，说明动物麻醉过深，是死亡的前兆，应立即进行急救。

动物手术后应注意保温，促使其苏醒。

2. 局部麻醉方法　局部麻醉的方法常采用的是浸润麻醉。浸润麻醉时将麻醉药物注射在皮肤、肌下组织或手术视野深部组织，以阻断用药局部的神经传导，使其痛觉消失。

进行局部麻醉时应首先将动物固定好，后在实验操作的局部区域，用皮试针头做皮内注射，形成橘皮样皮丘。然后换成局麻长针头，由皮点进针，放射到皮点周围继续注射，直到要求麻醉区域的皮肤都浸润到为止。可以根据实验操作要求的深度按照皮下、筋膜、肌肉、腹膜或骨膜的顺序，依次注入麻药，以达到麻醉神经末梢的目的。

三、麻醉效果的观察

动物的麻醉效果直接影响实验的进行和实验结果。如果麻醉过浅，动物会因疼痛而挣扎，甚至出现兴奋状态，呼吸心跳不规则,影响观察。麻醉过深,可使机体的反应性降低,甚至消失,更为严重的是抑制延髓的心血管活动中枢和呼吸中枢,导致动物死亡。因此,在麻醉过程中必须善于判断麻醉程度,观察麻醉效果。判断麻醉的程度有如下几个指标。

(1)呼吸:动物呼吸加快或不规则,说明麻醉过浅,若呼吸由不规则转变为规则且平稳,说明已达到麻醉深度;若动物呼吸变慢,且以腹式呼吸为主,说明麻醉过深,动物有生命危险。

(2)反射活动:主要观察角膜反射或睫毛反射,若动物的角膜反射灵敏,说明麻醉过浅;若角膜反射迟钝,麻醉程度适宜;角膜反射消失,伴瞳孔散大,则麻醉过深。

(3)肌张力:动物肌张力亢进,一般说明麻醉过浅;全身肌肉松弛,麻醉合适。

(4)皮肤夹捏反应:麻醉过程中可随时用止血钳或有齿镊夹捏动物皮肤,若反应灵敏,则麻醉过浅;若反应消失,则麻醉程度合适。

总之,观察麻醉效果要仔细,上述四项指标要综合考虑,最佳麻醉深度的标志是:动物卧倒、四肢及腹部肌肉松弛、呼吸深慢而平稳、皮肤夹捏反射消失、角膜反射明显迟钝或消失、瞳孔缩小。在静脉注射麻醉时还要边注入药物边观察。只有这样,才能获得理想的麻醉效果。

四、麻醉注意事项

(1)麻醉前应正确选用麻醉药品、用药剂量及给药途径。

(2)进行静脉麻醉时,先将总用药量的 1/3 快速注入,使动物迅速渡过兴奋期,余下的 2/3 量则应缓慢注射,并密切观察动物麻醉状态及反应,以便准确判断麻醉深度。

（3）如麻醉较浅，动物出现挣扎或呼吸急促等，需补充麻醉药以维持适当的麻醉。一次补充药量不宜超过原总用药量的1/5。

（4）麻醉过程中，应随时保持呼吸道通畅，并注意保温。

（5）在手术操作复杂、创伤大、实验时间较长或麻醉深度不理想等情况下，可配合局部浸润麻醉或基础麻醉。吗啡抑制呼吸中枢和心血管中枢的活动，增高颅内压，减少胰液和胆汁的分泌，还有抗利尿作用，不宜用于呼吸、循环、消化及肾脏等实验。但因吗啡具有很好的止痛及镇静作用，有时用作基础麻醉。

（6）实验中注意液体的输入量及排出量，维持体液平衡，防止酸中毒及肺水肿的发生。

第三章

消　毒

一、刷手(肥皂刷手法)

（1）做好刷手前的准备：戴好帽子和口罩，将衣袖卷至肘上 12 cm。如指甲较长，要先将指甲剪短。

（2）用肥皂将手、前臂、肘和上臂先洗一遍。

（3）用灭过菌的毛刷蘸肥皂水刷洗双手至肘上 10 cm，刷时要求比较用力。先刷指甲，再由拇指的桡侧起渐次到背侧、尺侧，依次刷完五指，然后再刷手掌、手背、前臂和肘上等处。刷手时最易疏忽手指间、腕部尺侧和肘窝部，须特别注意。

（4）每刷洗 1 次后用清水冲洗 1 次，反复 3 次，共约 10 min。冲洗时，肘部应弯曲在下，手部向上，防止上臂水倒流至手部。注意勿在肘后部皮肤上遗留肥皂泡沫。

（5）用无菌小毛巾从手向上揩干手和前臂，揩到肘部后不可再用手部揩。注意握毛巾的手不要触到已开过的一面。同时还应注意毛巾不要触到未洗刷过的皮肤，以免污染已洗过的区域。

（6）将双手和前臂包括肘部以上 6 cm 浸在 70%乙醇内 5 min，伸入和离开桶时，注意手或手指不要碰到桶边。

（7）手浸好后，双手上举，将手臂上的乙醇滴入桶内。

二、穿无菌手术衣和戴手套

1. 传统后开襟手术衣穿法(如图 3 - 1)

(1) 手臂消毒后,取手术衣(手不得触及下面的手术衣),双手提起衣领两端,远离胸前及手术台和其他人员,认清手术衣无菌面,抖开手术衣,反面朝向自己。

(2) 将手术衣向空中轻掷,两手臂顺势插入袖内,并略向前伸。

(3) 由巡回护士在身后协助拉开衣领两角并系好背部衣带,穿衣者将手向前伸出衣袖(可两手臂交叉将衣袖推至腕部,或用手插入另一侧手术衣袖口内面,将手术衣袖由手掌部推至腕部,避免手部接触手术衣外面)。

(4) 穿上手术衣后,稍弯腰,使腰带悬空(避免手指触及手术衣),两手交叉提起腰带中段(腰带不交叉)将手术衣带递于巡回护士。

(5) 巡回护士从背后系好腰带(避免接触穿衣者的手指)。

(6) 穿手术衣时,不得用未戴手套的手拉衣袖或接触其他处,以免污染。

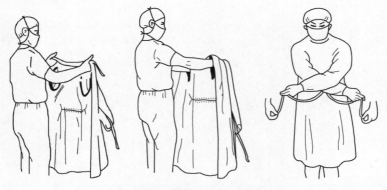

图 3 - 1　穿传统手术衣

2. 全遮盖式手术衣穿法(如图 3 - 2)

(1) 取手术衣,双手提起衣领两端向前上方抖开,双手插入衣袖中。

(2) 双手前伸,伸出衣袖,巡回护士从身后协助提拉并系好衣带。

(3) 戴好无菌手套。

(4) 提起腰带,由器械护士接取或由巡回护士用无菌持物钳接取。

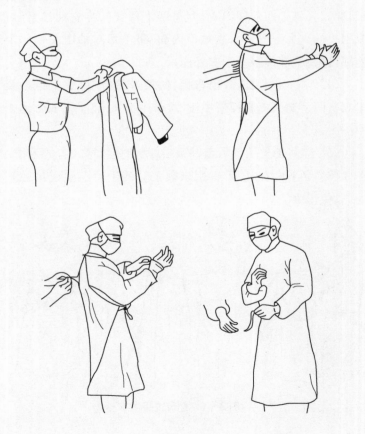

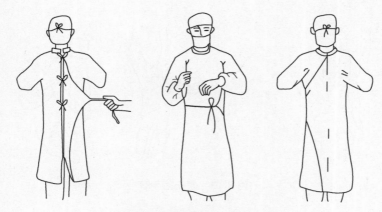

图 3 - 2　穿全遮盖式手术衣

（5）将腰带由术者身后绕到前面。

（6）术者将腰带系于腰部前方,带子要保持无菌,使手术者背侧全部由无菌手术衣遮盖。

3. 戴无菌手套　目前,多数医院使用经高压蒸汽灭菌的干手套或一次性无菌干手套,已不使用消毒液浸泡的湿手套。干手套戴法如下(图 3 - 3)。

（1）若为经高压蒸汽灭菌的干手套,取出手套夹内无菌滑石粉包,轻轻敷擦双手,使之干燥光滑。

（2）提起手套腕部翻折处,将手套取出,使手套两拇指掌心相对,先将一手插入手套内,对准手套内五指轻轻戴上。注意手勿触及手套外面。

（3）用已戴好手套的手指插入另一手套的翻折部里面,协助未戴手套的手插入手套内,将手套轻轻戴上。注意已戴手套的手勿触及手套内面。

（4）将手套翻折部翻回,盖住手术衣螺纹袖口。

（5）用无菌盐水将手套上的滑石粉冲洗干净。

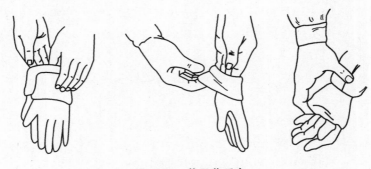

图 3-3 戴无菌手套

注意事项:

(1) 穿无菌手术衣时,需在手术间找一空间稍大的地方,以免被污染。

(2) 穿上无菌手术衣、戴上无菌手套后,肩部以下、腰部以上、腋前线前、双上肢为无菌区。此时,手术人员的双手不可在此无菌范围之外任意摆动,穿好手术衣以后手应举在胸前。

(3) 未戴手套的手,不可接触手套外面,已戴无菌手套的手,不可接触未戴手套的手臂和非无菌物;戴好无菌手套后,用无菌盐水冲净手套外面的滑石粉以免落入伤口;术中无菌手套有破损或污染,应立即更换。

(4) 手术衣和手套都是灭菌物品,而手术人员手臂则是消毒水平,在操作时要严格按规程进行,其操作原则是消毒水平的手臂不能接触到灭菌水平的衣面和手套面,要切实保护好手术衣和手套的"灭菌水平"。

三、手术包的打包和解包方法

1. 器械类 持针钳 2 把,组织钳 2 把,血管钳(直)4 把,血管钳(弯)4 把,蚊式血管钳(直)4 把,蚊式血管钳(弯)4 把,毛巾钳 4 把,海绵钳 2 把,拉钩 2 个,有、无齿镊各 1 个,线团数枚,缝针(直)1 个,缝针(弯、圆)大号 1 个、中号 1 个、小号 1 个,缝针(弯、三角)1 个,药碗 1 个,弯盘 1 个。

2. 布类　大洞巾 1 块,消毒巾 4 块,手术衣 4 件,纱布定量。

四、手术区域的准备

1. 手术前的一般准备　为防止皮肤表面的细菌进入切口内,患者在手术前 1 日或当日应准备皮肤,又称备皮。如下腹部手术,剃除腹部及会阴部的毛发;胸部和上肢的手术,应剃除胸部及腋下毛发;头颅手术,应剃除一部分或全部头发。皮肤上若留有油垢或胶布粘贴痕迹需用乙醚或松节油擦净,除去皮肤上的污垢并进行沐浴、更衣。骨科的无菌手术除常规准备皮肤外,术前每日 1 次,连续 3 日,用 70％乙醇消毒手术部位,并用无菌巾包裹。

2. 手术区皮肤消毒　目的是杀灭皮肤切口及其周围的细菌。一般由第一助手在洗手后完成。

(1) 常用消毒剂:有 2.5％～3％碘酊、70％乙醇、10％活力碘(含有效碘为 1％)、碘复原液或 1％苯扎溴铵等。使用碘酊消毒时必须用 70％乙醇脱碘。对于黏膜、婴儿皮肤、面部皮肤、肛门、外生殖器一般用 5％活力碘、1％苯扎溴铵。

(2) 消毒方法:一般情况下,第一助手在手臂消毒后,站在患者右侧(腹部手术),接过器械护士递给卵圆钳和盛有浸过消毒剂的棉球或小纱布块弯盘,左手托持弯盘,右手持夹棉球或纱布,用上臂带动前臂,腕部稍用力进行涂擦术野。

(3) 消毒方式:从中心向外环形旋转展开或从上至下平行

形或叠瓦形涂擦,从切口中心向两侧展开。

(4)消毒原则:由清洁区开始到相对不洁区,如一般的手术是由手术区中心(切口区)开始向四周(由内向外),切忌返回中心。会阴、肛门及感染伤口等区域的手术则应由外周向感染伤口或会阴、肛门处涂擦(由外向内)。

(5)消毒范围:至少包括手术切口周围 15 cm 的区域。

3. 术区无菌巾的放置　除显露手术切口所必需的皮肤以外,其他部位均用无菌巾遮盖,以避免和尽量减少手术中的污染。以腹部手术为例。

(1)铺巾原则:中等以上手术特别是涉及深部组织的手术,切口周围至少要有 4~6 层,术野周边要有 2 层无菌巾遮盖。

(2)铺巾范围:头侧要铺盖过患者头部和麻醉架,下端遮盖过患者足部,两侧部位应下垂过手术床边 30 cm 以下。

(3)铺巾方法:手术区域消毒后,一般先铺手术巾(皮肤巾)再铺中单,最后铺剖腹单。铺皮肤巾顺序为:由器械士将皮肤巾递给助手,传递时注意皮肤巾折边方向。先铺相对不洁区(如会阴部、下腹部)然后铺上方,再铺对侧,最后铺靠近操作者的一侧。还有一种方法是先铺对侧、下方、上方,最后铺操作的一侧。如果操作者已穿好手术衣,则应先铺近操作者一侧,再按顺序依次铺巾。铺好皮肤巾后,用布巾钳固定皮肤巾交角处。在上、下方各加盖一条中单。取剖腹单,其开口对准切口部位,先展开上端(一般上端短,下端较长)遮住麻醉架,再展开下端,遮住患者足端。

注意事项:

(1)铺巾时,助手未戴手套的手,不得碰撞器械士已戴手套的手。

（2）铺巾前，应先确定手术切口的部位，铺巾外露切口部分的范围不可过大，也不可太窄小，行探查性手术时需留有延长切口余地。已经铺好的手术巾不得随意移位，如果必须移动少许，只能够从切口部位向外移动，不能向切口部位内移，否则更换手术巾，重新铺巾。

（3）铺切口周围小手术巾时，应将其折叠 1/4，使近切口部位有 2 层布。

（4）铺中、大单时，手不得低于手术台平面，也不可接触未消毒的物品，以免污染。第一助手消毒铺巾后，手、手臂应再次消毒后才能穿手术衣、戴手套继续手术。

第四章

外科常用手术器械及
正确使用方法

　　手术器械是外科手术操作必须具备的物品。了解各种手术器械的结构特点和基本性能是正确掌握和熟练运用这些器械的重要保证。最常用的手术器械包括刀、剪、钳、针、镊。一般手术器械都要求：① 精致轻便，长短粗细适宜，易于把持。② 光亮美观，不生锈，经久耐用。③ 有效部位锋利，如刀刃、剪刀、针尖，而其他部位则结构圆滑，不损伤组织，如环柄处。④ 弹性、韧性好，不易折断。⑤ 容易消毒、擦洗、保养。

　　医用手术器械多选用碳钢为基本材料，经过热处理及电镀后制为成品。手术器械根据杠杆的基本原理大致分为两类：一类是器械由两部分组成，用轴固定（即力点），活动时形成夹力，柄环至轴的距离为力臂，尖端至轴的距离为重臂，柄长则为臂长，因此使用时省力，如血管钳、持针钳、剪刀等。另一类是力点在器械中间，且可使前端沿其纵轴活动，支点在一端，因此力臂不可能超过重臂，故使用时不省力，如手术刀、镊子。

一、手术刀

1. 组成及作用　常用的是一种可以装折刀片和手术刀,分刀片和刀柄两部分,用时将刀片安装在刀柄上,常用型号为 20～24 号大刀片,适用于大创口切割;9～17 号属于小刀片,刀片的末端刻有号码,适用于眼科及耳鼻喉科,又根据刀刃的形状分为圆刀、弯刀、球头刀及三角刀。刀柄根据长短及大小分型,其末端刻有号码,一把刀柄可以安装几种不同型号的刀片(如图 4-1)。刀片宜用血管钳(或持针钳)夹持安装,避免割伤手指。

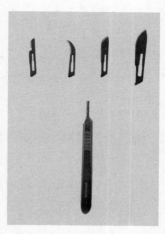

图 4-1　各种手术刀片及手术刀柄

手术刀一般用于切开和剥离组织,目前已有同时具止血功能的手术刀,用于肝、脾等实质性脏器或手术创面较大,需反复止血的手术(如乳腺癌根治术),如各种电刀、激光刀、微波刀、等离子手术刀及高压水刀等,但这些刀具多需一套完整的设备及专业人员操作。另外还有一次性使用的手术刀、柄,操作方便,并可防止院内感染。此处以普通手术刀为例说明其使用情况。

2. 执刀法　正确执刀方法有以下四种。

(1) 执弓式:是常用的执刀法,拇指在刀柄下,示指和中指在刀柄上,腕部用力,用于较长的皮肤切口及腹直肌前鞘的切开等(如图 4-2)。

图 4 - 2　执弓式执刀法

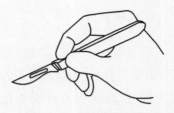

图 4 - 3　执笔式执刀法

（2）执笔式：动作的主要力在指部，为短距离精细换作，用于解剖血管、神经、腹膜切开和短小切口等（如图 4 - 3）。

（3）握持式：握持刀比较稳定，切割范围较广，用于使力较大的切开，如截肢、肌腱切开，较长的皮肤切口等（如图 4 - 4）。

图 4 - 4　握持式执刀法

图 4 - 5　反挑式执刀法

（4）反挑式：全靠在指端用力挑开，多用于脓肿切开，以防损伤深层组织（如图 4 - 5）。

无论哪一种持刀法，都应以刀刃突出面与组织呈垂直方向，逐层切开组织，不要以刀尖部用力操作，执刀过高控制不稳，过低又妨碍视线，要适中。

二、手术剪

根据其结构特点有尖、钝，直、弯，长、短各型。据其用途分为组织剪、线剪及拆线剪。组织剪多为弯剪，锐利而精细用来解

剖、剪断或分离剪开组织(如图4-6)。通常浅部手术操作用直
剪,深部手术操作用弯剪。线剪多为直剪,用来剪断缝线、敷料、
引流物等(如图4-7)。线剪与组织剪的区别在于组织剪的刃
锐薄,线剪的刃较钝厚。所以,决不能图方便、贪快,以组织剪代
替线剪,以致损坏刀刃,造成浪费。拆线剪是一页钝凹,一页直
尖的直剪,用于拆除缝线。正确持剪刀法为拇指和环指分别插
入剪刀柄的两环,中指放在环指环的剪刀柄上,示指压在轴节处
起稳定和向导作用,有利操作(如图4-8)。

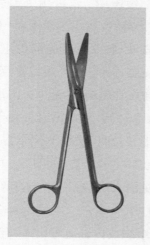

图4-6 组织剪

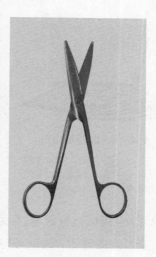

图4-7 线剪

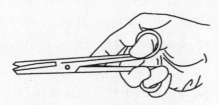

图4-8 正确持手术剪的姿势

三、血管钳

血管钳主要用于钳夹血管或出血点,亦称止血钳。血管钳在结构上主要的不同是齿槽床,由于手术操作的需要,齿槽床分为直、弯、直角、弧形(如肾蒂钳)等。用于血管手术的血管钳,齿槽的齿较细、较浅,弹性较好,对组织的压榨作用及对血管壁、血管内膜的损伤均较轻,称无损伤血管钳。由于钳的前端平滑,易插入筋膜内,不易刺破静脉,也供分离解剖组织用。也可用于牵引缝线、拔出缝针,或代镊使用,但不宜夹持皮肤、脏器及较脆弱的组织。用于止血时尖端应与组织垂直,夹住出血血管断端,尽量少夹附近组织(图4-9)。止血钳有各种不同的外形和长度,以适合不同性质的手术和部位的需要(如图4-10)。除常见的有直、弯两种,还有有齿血管钳(全齿槽),蚊式直、弯血管钳。

图4-9 血管钳止血

注:1.应尽量少钳血管周围组织;2.周围组织钳得过多是不正确的。

(1)弯血管钳:用以夹持深部组织或内脏血管出血,有长、短两种。

(2)直血管钳:用以夹持浅层组织出血,协助拔针等用。

(3)有齿血管钳:用以夹持较厚组织及易滑脱组织内的血管出血,如肠系膜、大网膜等,前端齿可防止滑脱,但不能用以皮下止血。

(4)蚊式血管钳:为细小精巧的血管钳,有直、弯两种,用于脏器、面部及整形等手术的止血,不宜做大块组织钳夹用。

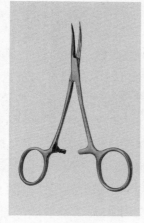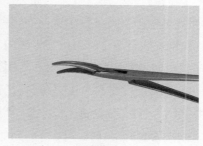

A. 弯血管钳　　　　　　　　　　B. 蚊式血管钳

图 4-10　各种类型血管钳

　　血管钳使用基本同手术剪,但放开时用拇指和示指持住血管钳一个环口,中指和环指挡住另一环口,将拇指和环指轻轻用力对顶即可(如图 4-11)。

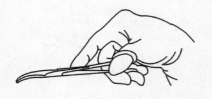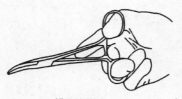

A. 正确执钳法　　　　　　　　　　B. 错误执钳法

图 4-11　止血钳使用方法

　　要注意:血管钳不得夹持皮肤、肠管等,以免组织坏死。止血时只扣上一、二齿即可,要检查扣锁是否失灵,有时钳柄会自动松开,造成出血,应警惕。使用前应检查前端横形齿槽两页是否吻合,不吻合者不用,以防止血管钳夹持组织滑脱。

四、持针钳

持针钳也叫持针器,主要用于夹持缝针缝合各种组织,有时也用于器械打结。用持针器的尖夹住缝针的中、后 1/3 交界处为宜,多数情况下夹持的针尖应向左,特殊情况可向右,缝线应重叠 1/3,且将绕线重叠部分也放于针嘴内。以利于操作,若将针夹在持针器中间,则容易将针折断。常用执持针钳方法有如下几种。

1. 掌握法　也称一把抓或满把握,即用手掌握拿持针钳。钳环紧贴大鱼际肌上,拇指、中指、环指和小指分别压在钳柄上,后三指并拢起固定作用,示指压在持针钳前部近轴节处。利用拇指及大鱼肌和掌指关节活动推展,张开持针钳柄环上的齿扣,松开齿扣及控制持针钳的张口大小来持针。合拢时,拇指及大鱼际肌与其余掌指部分对握即将扣锁住(如图 4-12)。此法缝合稳健,容易改变缝合针的方向,缝合顺利,操作方便。

图 4-12　掌握法　　　　　　图 4-13　指套法

2. 指套法　为传统执法,用拇指、环指套入钳环内,以手指活动力量来控制持针钳的开闭,并控制其张开与合拢时的动作范围(如图 4-13)。用中指套入钳环内的执钳法,因距支点远而稳定性差,是错误的执法(图 4-15)。

3. 掌指法　拇指套入钳环内,示指压在钳的前半部做支撑引导,余三指压钳环固定于掌中。拇指可以上下开闭活动,控制持针钳的张开与合拢(如图 4-14)。

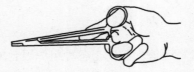

<table>
</table>

　　图 4 - 14　掌指法　　　　　　　图 4 - 15　错误执钳法

五、手术镊

　　手术镊用于夹持和提起组织，以利于解剖及缝合，也可夹持缝针及敷料等。有不同的长度，分有齿镊和无齿镊两种。

　　1. 有齿镊　又称组织镊，镊的尖端有齿，齿又分为粗齿与细齿，粗齿镊用于夹持较硬的组织，损伤性较大，细齿镊用于精细手术，如肌腱缝合、整形手术等。因尖端有钩齿、夹持牢固，但对组织有一定损伤。

　　2. 无齿镊　又称平镊或敷料镊，其尖端无钩齿，用于夹持脆弱的组织、脏器及敷料。浅部操作时用短镊，深部操作时用长镊，尖头平镊对组织损伤较轻，用于血管、神经手术。

　　正确持镊是用拇指对示指与中指，执二镊脚中、上部（如图 4 - 16）。

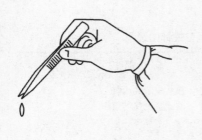

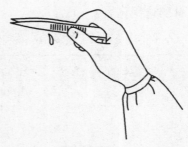

　　　A. 正确持镊　　　　　　　　　　B. 错误持镊

　　　　　图 4 - 16　手术镊使用方法

六、缝针

缝针是用于各种组织缝合的器械,它由三个基本部分组成,即针尖、针体和针眼。针尖按形状分为圆头、三角头及铲头三种;针体有近圆形、三角形及铲形三种;针眼是可供引线的孔,它有普通孔和弹机孔两种。圆针[round(taper)needle curved]根据弧度不同分为 1/2、3/8 弧度等,弧度大者多用于深部组织。三角针(triangular needle curved, straight)前半部为三菱形,较锋利,用于缝合皮肤、软骨、韧带等坚韧组织,损伤性较大。无论用圆针或三角针,原则上应选用针径较细者,损伤较少,但有时组织韧性较大,针径过细易于折断,故应合理选用。此外,在使用弯针缝合时,应顺弯针弧度从组织拔出,否则易折断。一般多使用穿线的缝针,而将线从针尾压入弹机孔的缝针,因常使线披裂、易断,且对组织创伤较大,现已少用。目前发达国家多采用针线一体的缝合针(无针眼),这种针线对组织所造成的损伤小(针和线的粗细一致),可防止缝线在缝合时脱针与免去引线的麻烦。无损伤缝针属于针线一体类,可用于血管神经的吻合等。根据针尖与针眼两点间有无弧度可分直针和弯针。各种类型缝针的选用见表 4-1。

表 4-1　各种类型缝针的选用

组成部分	形　状	适　用　范　围
针　尖	圆　针	适用于一般软组织和内脏
	三角针	适用于皮肤或其他坚韧组织
针　体	弯　针	一般缝合
	半臂针	皮肤缝合
	直　针	皮肤或胃肠浆膜缝合

（续表）

组成部分	形　状	适 用 范 围
针　孔	无　槽	缝线突出损伤组织
	有　槽	缝线在槽内,组织损伤小
	按　孔	缝线穿过容易,但易脱出,并被损伤易断
	无损伤	特制用于精细组织的缝合

七、缝线

分为可吸收缝线和不可吸收缝线两大类。

1. 可吸收缝线类（absorbable suture）　主要为羊肠线（catgut suture）和合成纤维线（synthetical suture）。

（1）肠线由羊的小肠黏膜下层制成。有普通与铬制两种,普通肠线吸收时间较短（4～5 d）,多用于结扎及皮肤缝合。铬制肠线吸收时间长（14～21 d）,用于缝合深部组织。肠线属异体蛋白质,在吸收过程中,组织反应较重,因此,使用过多、过粗的肠线时,创口炎性反应明显。其优点是可被吸收,不存异物。

目前肠线主要用于内脏,如胃、肠、膀胱、输尿管、胆道等黏膜层的缝合,一般用 1 - 0 至 3 - 0 的铬制肠线。此外,较粗的（0～2 号）铬制肠线则常用于缝合深部组织或炎症的腹膜。在感染的创口中使用肠线,可减少由于其他不能吸收的缝线所造成的难以愈合的窦道。使用肠线时,应注意以下问题：① 肠线质地较硬,使用前应用盐水浸泡,待变软后再用,但不可用热水浸泡或浸泡时间过长,以免肠线肿胀、易折、影响质量。② 不能用持针钳或血管钳夹肠线,也不可将肠线扭曲,以至扯裂易断。③ 肠线一般较硬、较粗、光滑,结扎时需要三叠结。剪断线时,线头应留较长，否则线结易松脱。一般多用连续缝合，以免线结太多，或术后异物反应。④ 胰腺手术时，不用肠线结扎或缝合，因肠线可被胰液消化吸收，进而继发出血或吻合口破裂。⑤ 尽量选用细肠线。⑥ 肠线价格较丝线稍贵。

(2) 合成纤维线，品种较多，如 Dexon(PGA、聚羟基乙酸)、Maxon(聚甘醇碳酸)、Vicryl(Polyglactin 910、聚乳酸羟基乙酸)、PDS(Polydioxanone、聚二氧杂环己酮)和 PVA(聚乙酸维尼纶)。它们的优点有：① 组织反应较轻。② 吸收时间延长。③ 有抗菌作用。其中以 Dexon 为主要代表，外观呈绿白相间、多股紧密编织而成的针线一体线。粗细从 6 - 0 至 2 号。抗张力强度高，不易拉断。柔软平顺，容易外科打结，操作手感好。水解后产生的羟基乙酸有抑菌作用。60~90 日内完全吸收。3 - 0 线适合于胃肠缝合，1 号线适合于缝合腹膜、腱鞘等。

2. 不可吸收缝线类(non-absorbable suture)　有丝线、棉线、不锈钢丝、尼龙线、钽丝、银丝、麻线等数十种。最常用的是丝线，其优点是柔韧性高，操作方便、对组织反应较小，能耐高温消毒，且价格低，易获得。缺点是在组织内为永久性的异物，伤口感染后易形成窦道，长时间后线头排出，延迟愈合。胆道、泌尿道缝合可导致结石形成。一般 0 至多 0 号丝线可用于肠道、血管神经等缝合，1 号丝线用于皮肤、皮下组织和结扎血管等，4 号线用于缝合筋膜及结扎较大的血管，7 号用来缝合腹膜和张力较大的伤口组织。

金属合金线习惯称"不锈钢丝"，用来缝合骨、肌腱、筋膜、减张缝合或口腔内牙齿固定。尼龙线，组织反应少，且可以制成很细的线，多用于小血管缝合及整形手术。用于小血管缝合时，常制成无损伤缝合线。它的缺点是线结易于松脱，且结扎过紧时易在线结处折断，因此，不适于有张力的深部组织的缝合。

目前已研制出许多种代替缝针、缝线的切口黏合材料，使用时方便、速度快，切口愈合后瘢痕小。主要有三大类：① 外科拉链，主要用于皮肤的关闭，最大优点是切口内无异物。② 医用黏合剂，可分为化学性黏合剂和生物性黏合剂，前者有环氧树脂、丙烯酸树脂、聚苯乙烯和氰基丙烯酸酯类等，后者有明胶、贻贝胶和人纤维蛋白黏合剂等，主要用于皮肤切口、植皮和消化道漏口的黏合。使用时将胶直接涂擦在切口创缘，加压拉拢切口即可。生物胶毒性作用小，吸收较快，应用前途较好。③ 皮肤吻合器，又可称为"一次性皮肤吻合器""皮钉""一次性皮肤缝合器"等，是医学上使用的替代手工缝合的设备。它的主要工作原理是利用钛钉对组织进行吻合，类似于订书机。由于现代科技的发展和制作技术的改进，目前临床上使用的吻合器质量可靠，使用方便、严密、松紧合适，尤其是具有缝合快速、操作简便及很少有副作用和手术并发症等优点。

八、常用钳类器械

1. 海绵钳（卵圆钳） 也称持物钳，分为有齿纹、无齿纹两种（图4-17），有齿纹的主要用以夹持、传递已消毒的器械、缝线、缝针、敷料、引流管等，也用于钳夹蘸有消毒液的纱布，以消毒手术野的皮肤，或用于手术野深处拭血。无齿纹的用于夹持脏器，协助暴露。换药室及手术室通常将无菌持物钳置于消毒的大口量杯或大口瓶内，内盛刀剪药液。用其取物时需注意：① 不可将其头端（即浸入消毒液内的一端）朝上，这样将消毒液流到柄端的有菌区域，放回时将污染头端。正常持法头端应始终朝下。② 专供夹取无菌物品，不能用于换药。③ 取出或放

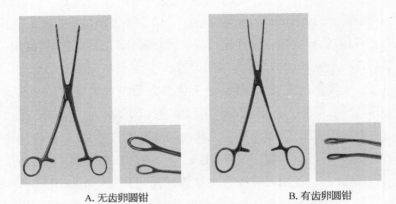

A. 无齿卵圆钳   B. 有齿卵圆钳

图 4 - 17 海绵钳(卵圆钳)

回时应将头端闭合,勿碰容器口,也不能接触器械台。④ 放持物钳的容器口应用塑料套遮盖。

2. 组织钳 又称鼠齿钳(allis),对组织的压榨较血管钳轻,故一般用以夹持软组织,不易滑脱,如夹持牵引被切除的病变部位,以利于手术进行,钳夹纱布垫与切口边缘的皮下组织,避免切口内组织被污染(图 4 - 18)。

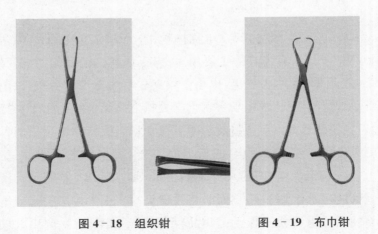

图 4 - 18 组织钳   图 4 - 19 布巾钳

3.布巾钳　用于固定铺盖手术切口周围的手术巾(图4-19)。

4.直角钳　用于游离和绕过主要血管、胆道等组织的后壁,如胃左动脉、胆囊管等。

5.肠钳(肠吻合钳)　用于夹持肠管,齿槽薄,弹性好,对组织损伤小,使用时可外套乳胶管,以减少对肠壁的损伤(图4-20)。

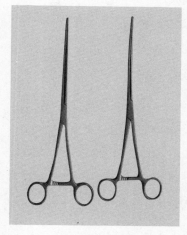

图4-20　肠钳

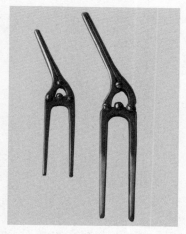

图4-21　胃钳

6.胃钳(小胃钳)　用于钳夹胃以利于胃肠吻合,轴为多关节,力量大,压榨力强,齿槽为直纹且较深,组织不易滑脱(图4-21)。

九、牵引钩类

牵引钩也称拉钩或牵开器,是显露手术野必需的器械。常用几种拉钩分别介绍如下(图4-22)。

1.皮肤拉钩(skin retractor)　为耙状牵开器,用于浅部手术的皮肤拉开。

2.甲状腺拉钩(thyroid retractor)　为平钩状,常用于甲状

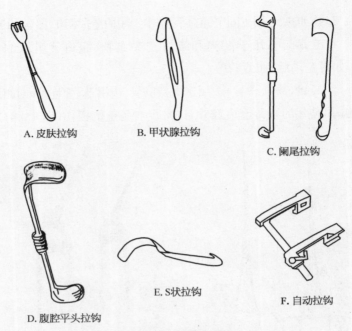

A. 皮肤拉钩　　　　B. 甲状腺拉钩

C. 阑尾拉钩

D. 腹腔平头拉钩　　　E. S状拉钩　　　　F. 自动拉钩

图 4 - 22　几种常用拉钩

腺部位的牵拉暴露,也常用于腹部手术作腹壁切开时的皮肤、肌肉牵拉。

3. 阑尾拉钩(appendix retractor)　亦为钩状牵开器,用于阑尾、疝等手术,用于腹壁牵拉。

4. 腹腔平头拉钩(abdominal retractor)　为较宽大的平滑钩状,用于腹腔较大的手术。

5. S状拉钩(deep retractor)　是一种如"S"状的腹腔深部拉钩。使用拉钩时,应以纱垫将拉钩与组织隔开,拉力应均匀,不应突然用力或用力过大,以免损伤组织,正确持拉钩的方法是掌心向上(如图 4 - 23)。

6. 自动拉钩(self-retaining retractor)　为自行固定牵开

A. 正确使用方法(持续时间较长)　　　　　B. 错误使用方法(不易持久)

图 4 - 23　S 状拉钩的使用方法

器,腹腔、盆腔、胸腔手术均可应用。

十、吸引器

吸引器用于吸除手术野中出血、渗出物、脓液、空腔脏器中的内容物,使手术野清楚,减少污染机会。吸引器由吸引头(suction tip)、橡皮管(rubber tube)、玻璃接头、吸引瓶及动力部分组成(图 4 - 24)。动力又分马达电力和脚踏吸筒两种:后者用于无电力地区。吸引头结构和外形多种,主要有单管和套管型,尾部以橡皮管接于吸引瓶上待用。单管吸引头用以吸除手术野的血液及胸腹内液体等。套管吸引头主要用于吸除腹腔内的液体,其外套管有多个侧孔及进气孔,可避免大网膜、肠壁等被吸住、

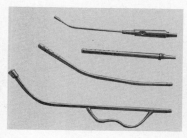

图 4 - 24　吸引器

堵塞吸引头。

十一、敷料

一般为纱布及布类制品,种类很多,常见敷料介绍如下。

1. 纱布块 用于消毒皮肤,拭擦手术中渗血、脓液及分泌物,术后覆盖缝合切口。进入腹腔用温湿纱布,以垂直角度在积液处轻压蘸除积液,不可揩摸、横擦,以免损伤组织。

2. 小纱布剥离球 将纱布卷紧成直径 0.5～1 cm 的圆球,用组织钳或长血管钳夹持做钝性剥离组织之用。

3. 大纱布垫 用于遮盖皮肤、腹膜,湿盐水纱布垫可做腹腔脏器的保护用,也可用来擦血。为防止遗留腹腔,常在一角附有带子,又称有尾巾。

第五章

外科手术基本操作

一、切开

切开是外科手术的第一步,是指使用某种器械(通常为各种手术刀)在组织或器官上造成切口的外科操作过程,是外科手术最基本的操作之一。

1. 切口及选择切口的原则

(1) 切口:正确的切口是做好手术的重要因素之一。以腹部切口为例,典型的切口如图 5-1 所示。

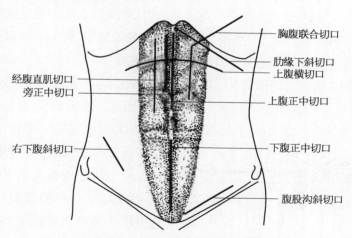

经腹直肌切口
旁正中切口

胸腹联合切口
肋缘下斜切口
上腹横切口
上腹正中切口

右下腹斜切口

下腹正中切口

腹股沟斜切口

图 5-1 腹部常用切口示意图

（2）选择切口的原则：切开首先是选择切口，切口的选择是手术显露的重要步骤，对各部手术的切口选择应根据各种手术的特殊性以及手术野显露的需要全面分析而定，在切口选择上应考虑以下几点。

1）切口应选择于病变部位附近，通过最短途径以最佳视野显露病变。

2）切口应对组织损伤小，不损伤重要的解剖结构，如血管神经等，不影响该部位的生理功能。

3）力求快速而牢固的愈合，并尽量照顾美观，不遗留难看的瘢痕，如颜面部手术切口应与皮纹一致，并尽可能选取较隐蔽的切口。

4）切口必须有足够的长度，使能容纳手术的操作和放进必要的器械，切口宁可稍大而勿太小，并且需要时应易于延长。应根据患者的体型、病变深浅、手术的难度及麻醉条件等因素来计划切口的大小。

2. 切开方法及要点　将选定的切口线用 1‰ 龙胆紫划上标记，外涂 2.5% 或 3% 碘酊，然后消毒皮肤及铺巾，较大的切口由手术者与助手用手在切口两旁或上下将皮肤固定（如图 5-2），小切口由术者用拇指及示指在切口两旁固定，术者拿手术刀，将刀腹刃部与组织垂直，防止斜切，刀尖先垂直刺入皮肤，然后再转至与皮面成 45° 斜角，用刀均匀切开皮肤及皮下组织，直至预定切口的长度，再将刀转成 90° 与皮面垂直方向，将刀提出切口（如图 5-3）。

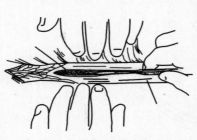

图 5-2　切皮时的固定

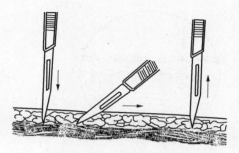

图 5-3　正确的切皮方法

切开时要掌握用刀力度,力求一次切开全层皮肤,使切口呈线状,切口边缘平滑,避免多次切割导致切口边缘参差不齐,影响愈合。切开时也不可用力过猛,以免误伤深部重要组织。皮下组织宜与皮肤同时切开,并须保持同一长度,若皮下组织切开长度较皮肤切口为短,则可用剪刀剪开。切开皮肤和皮下组织后随即用手术巾覆盖切口周围(现临床上多用无菌薄膜粘贴切口部位后再行切开)以隔离和保护伤口免受污染。

以经腹直肌切口为例,腹壁切开的步骤如下。

(1)选取切口,常规消毒铺巾,在切口部位粘贴无菌薄膜,经腹直肌切口可选作于左、右、上、下腹部,皮肤切口应位于腹部中线与腹直肌外缘之正中(如图 5-4)。

(2)切开皮肤及皮下组织(如图 5-5)。如在切口部位未粘贴无菌薄膜,宜用无菌巾覆盖切口周围护皮,以隔离和保护伤口免受污染。

(3)将腹直肌前鞘先用刀切一个小口,然后用剪刀分别向上下剪开前鞘(如图 5-6)。

(4)沿肌纤维方向先用血管钳再用刀柄或手指分离腹直肌束,其腱划处应钳夹切断,然后用丝线结扎(如图 5-7)。

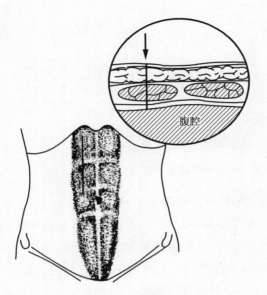

图 5 - 4 选取切口

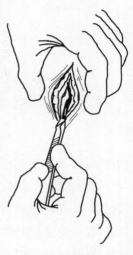

图 5 - 5 切开皮肤和
皮下组织

图 5 - 6 切开腹直肌前鞘

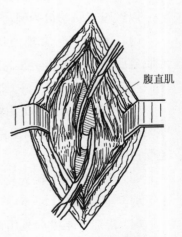

图 5 - 7 分离腹直肌

（5）将腹直肌向两侧牵开,术者及助手分别持镊子及血管钳,将腹直肌后鞘及腹膜夹起,然后在中间切一小口。注意勿损伤腹腔脏器,一般由术者用有齿镊夹起腹膜,助手用弯血管钳在距术者所夹处对侧约 1 cm 处另行夹起,然后术者放松所夹腹膜,再重新夹一处,如次重复一次后用刀切开(如图 5 - 8)。

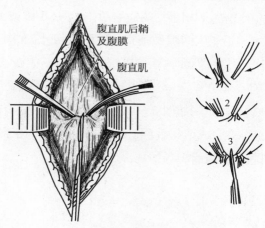

图 5 - 8　切开腹膜

（6）术者以左手示、中指(也可用术者及助手的示指)伸入腹腔作引导,有腹膜粘连时应用手分开,用刀(亦可用剪刀)切开腹膜(如图 5 - 9),以免损伤腹内脏器。如用剪刀时,剪尖应向上抬起。

二、剥离

剥离,也称解剖剥离或分离及游离,是显露手术区解剖和切除病

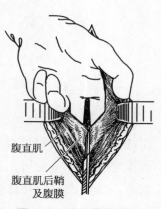

图 5 - 9　充分暴露腹腔

变组织、器官的重要手术基本操作,应尽量按照正常组织间隙进行,不仅操作容易、出血少,而且不至于引起重要的损伤。剥离按形式可分为锐性和钝性两种,临床上常常将二者结合使用。

锐性剥离,是指用锐利器械(一般用刀或剪)进行的解剖剥离,必须在直视下进行,动作要准确、精细。用刀时,刀刃宜利,采用执笔式的执刀法,利用手指的伸缩动作(不是手腕或上肢动作)进行切割,刀刃沿组织间隙做垂直的短距离切开(如图5-10所示);用剪时,可将锐性和钝性剥离结合使用,剪刀闭合用尖端伸入组织间隙内,不宜过深,然后张开剪柄分离组织,仔细辨清,无重要组织时予以剪开(如图5-11)。解剖过程中遇有较大血管时应用止血钳夹住或结扎后再切断。锐性剥离常用于致密组织如腱膜、鞘膜和瘢痕组织等的剥离。

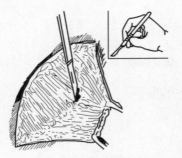 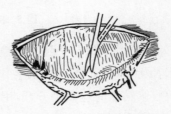

图5-10　用刀做锐性分离　　　　图5-11　用剪做锐性分离

钝性剥离,多用于疏松组织,如正常组织间隙、较疏松的粘连、良性肿瘤或囊肿包膜外间隙等的解剖,因常无重要血管、神经等组织结构,有时可在非直视下进行。常用血管钳、闭合的解剖剪、刀柄、剥离子(用血管钳端夹持花生米大的小纱布球,又称花生米)、手指以及特殊用途的剥离器(如膜衣剥离器、脑膜剥离

器)等。手指剥离是钝性剥离中常用
的方法之一(如图 5 - 12)。钝性剥离
是用以上器械或手指伸入疏松的组织
间隙,以适当的力量轻轻地逐步推开
周围组织,决不应粗暴地勉强分离,否
则会引起重要组织结构的损伤或撕
裂,造成不良后果。

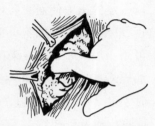

图 5 - 12　手指的钝性剥离

随着现代技术的进步,临床上出现了许多新的剥离器械,如
电刀、氩气刀、激光刀、微波刀等,均可归于以上范畴。

解剖剥离是外科手术中的一个重要技术,熟练与否,对组织
器官的损害程度、出血多少、手术时间长短等均密切相关。无论
采用哪一种方法和哪一种器械进行剥离,在操作时都应注意如
下两点。

(1)术者应熟悉解剖及病变性质。锐性和钝性剥离应根据
情况结合使用,在进行解剖剥离时,须弄清左右前后及周围关
系,以防发生意外。在未辨清组织之前,不要轻易剪割或钳夹,
以免损伤重要组织和器官。

(2)手术操作要轻柔、细致、准确,使某些疏松的粘连自然
分离,显出解剖间隙。炎症等原因使正常解剖界限不清楚时,更
要注意。

三、止血

止血是处理出血的手段和过程,是手术过程中自始至终经
常碰到,并需立即处理的基本操作,止血是否及时、是否恰当至
关重要。手术医师应熟悉各种止血的方法。

1. 压迫止血法　是手术中最常用的止血方法。其原理是

以一定的压力使血管破口缩小或闭合，继之由于血流减慢，血小板、纤维蛋白、红细胞可迅速形成血栓，使出血停止。压迫止血可用一般纱布压迫或采用 40～50℃的温热盐水纱布压迫止血，加压需有足够的时间，一般需 5 min 左右再轻轻取出纱布，必要时重复 2～3 次。压迫止血还可用纱布填塞压迫法，因其可能酿成再出血及引起感染，不作为理想的止血手段，但是对于广泛渗血及汹涌的渗血，如果现有办法用尽仍未奏效，在不得已的情况下，可采用填塞压迫止血以保生命安全。方法是采用无菌干纱布或绷带填塞压迫，填塞处勿留死腔，要保持适当的压力，填塞时纱布数及连接一定要绝对准确可靠，填塞时要做到有序的折叠。填塞物一般于手术后 3～5 日逐步松动取出，并且做好处理再次出血的一切准备。

2. 结扎止血法　有单纯结扎和缝合结扎两种方法。

单纯结扎法经常使用，在手术操作过程中，对可能出血的部位或已见的出血点，首先进行钳夹，钳夹出血点时要求准确，最好一次成功，结扎线的粗细要根据钳夹的组织多少以及血管粗细进行选择，血管粗时应单独游离结扎。结扎时上血管钳的钳尖一定要旋转提出（如图 5 - 13），扎线要将所需结扎组织完全套住，在收紧第一结时将提的血管钳放下逐渐慢慢松开，第一结完全扎紧时再松钳移去。特别值得一提的是，止血钳不能松开过快，否则会导致结扎部位的脱落或结扎不完全而酿成出血，更危险的是因结扎不准确导致术后出血。有时对于粗大的血管要双重结扎，重复结扎，同一血管两道线不能结扎在同一部位，须间隔一些距离，结扎时收线不宜过紧或过松，过紧易拉断线或切割血管导致出血，过松可引起结扎线松脱出血。

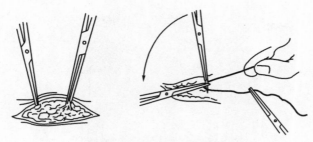

图 5-13　结扎止血法

　　缝合结扎法即贯穿缝扎,主要是为了避免结扎线脱落,或因为单纯结扎有困难时使用,对于重要的血管一般应进行缝扎止血,方法见图 5-14,图 5-15。

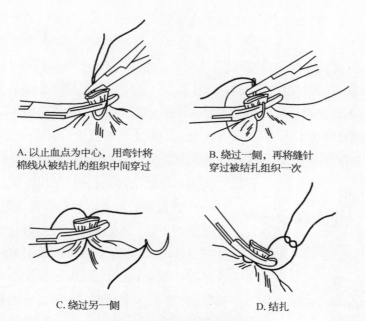

A.以止血点为中心,用弯针将棉线从被结扎的组织中间穿过

B.绕过一侧,再将缝针穿过被结扎组织一次

C.绕过另一侧

D.结扎

图 5-14　缝扎法操作步骤

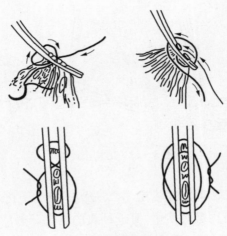

图 5 - 15　两种缝扎法

3. 电凝止血法　电凝止血即用电灼器止血,现常用的电灼器有高频电刀、氩气电刀,就其止血的方式有单极电凝及双极电凝。在止血时,电灼器可直接电灼出血点,也可先用止血钳夹住出血点,再用电灼器接触止血钳(图 5 - 16),止血钳应准确地夹住出血点或血管处,夹住的组织越少越好,不可接触其他组织以防烧伤,通电 1～2 s 即可止血;也可用小的镊子或 Adison 镊(血管外科用的尖头镊子)直接夹住出血点电凝。电凝止血适用于表浅的小的出血点止血,使用时要注

图 5 - 16　电凝止血法

意:① 使用前要检查电灼器有无故障,连接是否正确,检查室内有无易燃化学物质。② 电灼前用干纱布或吸引器将手术野沾干净,电灼后残面不能用纱布擦拭,只能用纱布蘸吸,以防止血的焦痂脱落造成止血失败。③ 电灼器或导

电的血管钳、镊不可接触其他组织,以防损伤。④ 应随时用刀片刮净导电物前端的血痂,以免影响止血效果。

4. 局部药物或生物制品止血法 在手术创面进行充分止血后仍有渗血时,可用局部止血法,常用的药物或生物制品有巴曲酶、肾上腺素、凝血酶、明胶海绵、淀粉海绵、止血粉、解尔分思片(gelfex)、施必止等,可采用局部填塞、喷撒、局部注射等方法,如在手术部位注射加肾上腺素的盐水或用蘸有肾上腺素盐水的纱布压迫局部,均可减少创面出血和止血,但应注意监测心脏情况,另外目前使用的一些医用生物胶做局部喷撒亦有较好的止血作用。

四、打结

1. 结的种类(如图 5-17)

(1)单结:为各种结的基本结,只绕一圈,不牢固,偶尔在皮下非主要出血结扎时使用,其他很少使用。

(2)方结:也叫平结,由方向相反的两个单结组成(第二单结与第一单结方向相反),是外科手术中主要的结扎方式。其特点是结扎线来回交错,着力均匀,打成后愈拉愈紧,不会松开或脱落,因而牢固可靠,多用于结扎较小血管和各种缝合时的结扎。

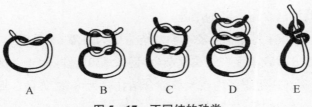

A　　　B　　　C　　　D　　　E

图 5-17 不同结的种类

（3）外科结：第一个线扣重绕两次，使线间的摩擦面及摩擦系数增大，从而也增加了安全系数。然后打第二个线扣时不易滑脱和松动，比较牢固。用于较大血管和组织张力较大部位的结扎。但因麻烦及费时，手术中极少采用。

（4）三叠结：又称三重结，就是在方结的基础上再重复第一个结，且第三个结与第二个结的方向相反，以加强结扎线间的摩擦力，防止线松散滑脱，因而牢固可靠，常用于较大血管和较多组织的结扎，也用于张力较大组织缝合。尼龙线、肠线的打结也常用此结。缺点为组织内的结扎线头较大，使较大异物遗留在组织中。

（5）滑结：在做方结时，由于不熟练，双手用力不均，致使结线彼此垂直重叠无法结牢而形成滑结，而不是方结，应注意避免，改变拉线力量分布及方向即可避免。手术中不宜采用此结，特别是在结扎大血管时应力求避免使用。

2. 打结方法及技术　打结的方法可分为单手打结法、双手打结法及器械打结法三种。

（1）单手打结法：简单、迅速，左右两手均可进行，应用广泛，但操作不当易成滑结。打结时，一手持线，另一手动作打结，主要动作为拇、示、中三指（如图 5 - 18）。凡"持线""挑线""钩线"等动作必须运用手指末节近指端处，才能做到迅速有效。拉线做结时要注意线的方向。如用右手打结，右手所持的线要短些。此法适合于各部的结扎。

（2）双手打结法：较单手打结法更为可靠，不易滑结，双手打结其方法较单手打结法复杂（如图 5 - 19）。除用于一般结扎外，对深部或组织张力较大的缝合结扎较为可靠、方便。此法适用于深部组织的结扎和缝扎。

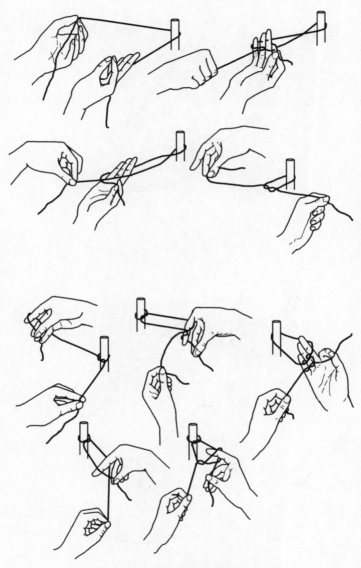

图 5-18　单手打结法

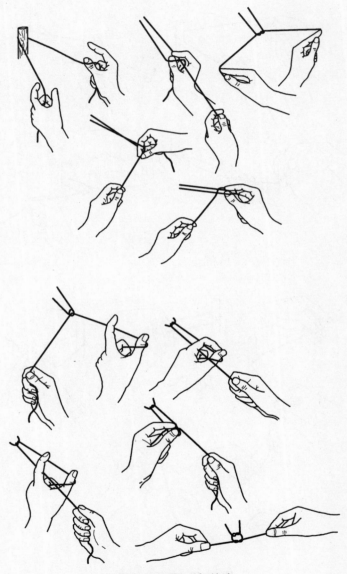

图 5 - 19　双手打结法

（3）器械打结法：用血管钳或持针器打结，简单易学，适用于深部、狭小手术野的结扎或缝线过短用手打结有困难时（如图5-20）。

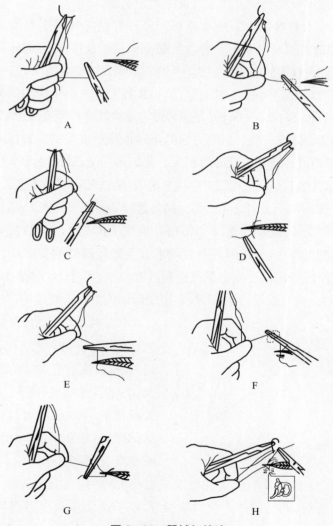

A

B

C

D

E

F

G

H

图5-20 器械打结法

优点是可节省缝线、节约穿线时间及不妨碍视线。其缺点是,当有张力缝合时,第一结易松滑,需助手辅助才能扎紧。防止松滑的办法是改变结的方向或者助手给予辅助。

3. 打结时注意事项及原则 外科打结是外科手术的基本功,只有经过长期不断实践,才能做到高质量及快速,才能体会到其不同条件下的应变性并熟能生巧。原则及注意事项如下。

(1) 无论用何种方法打结,第一及第二结的方向不能相同,如果做结的方向错误,即使是很正确的方结也同样可能变成滑结,或者割线导致线折断。相同方向的单结也易形成假结。要打成一方结,两道打结方向就必须相反。开始第一结,缝线处于平行状态,结扎后双手交叉相反方向拉紧缝线,第二结则双手不交叉,如图 5 - 21 所示;若开始第一结在结扎前缝线已处交叉状态,结扎后双手不交叉,拉紧缝线,第二结结扎后双手再交叉。当然在实际打结的过程中,打结的方向可因术野及操作部位的要求而有范围较小的方向性改变。但是这种改变,应在小于 90°的范围内;如果大于 90°或接近 180°,就会造成滑结或割线折断线的可能。

(2) 两手力均匀,在打结的过程中,两手的用力一定要均匀一致,这一点对结的质量及安全性至关重要(图 5 - 21)。否则可能导致两种可能:滑结;对结扎组织牵拉,由此可酿成撕裂、撕拖等。

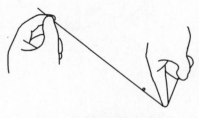

图 5 - 21 两手用力均匀

(3) 打结线后收紧时要求三点(即两手用力点与结扎点)成一直线,两手的反方向力量相等,每一结均应放平后再拉紧(图 5 - 22)。如果未放平,可线尾交换位置,忌使之成锐角,否

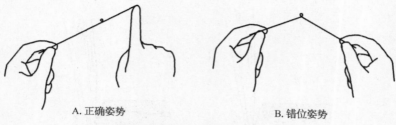

A. 正确姿势　　　　　　　　　B. 错位姿势

图 5 - 22　三点在一线

则稍一用力即被折断,不能成角向上提拉,否则易使结扎点撕裂或线结松脱,应双手平压使三点成一直线。

(4)结扎时,两手的距离不宜离线结处太远,特别是深部打结时,最好用一手指按线结近处,徐徐拉紧,用力缓慢、均匀。用力过猛或突然用力,均易将线扯断或未扎紧而滑脱。

(5)打第二结扣时,注意第一结扣不要松弛,必要时可用一把止血钳压住第一结扣处,待收紧第二结扣时,再移去止血钳,或第一结扣打完后,双手稍带力牵引结扎线不松开也可。

(6)打结应在直视下进行。以便根据具体的结扎部位及所结扎的组织,掌握结扎的松紧度,又可以使术者或其他手术人员了解打结及结扎的确切情况。即使对某些较深部位的结扎,也应尽量暴露于直视下操作。但有时深部打结看不清,就要凭手的感觉打结,但这需要相当良好的功底。

(7)皮上组织尽量少结扎,利用血管钳最前端来夹血管的断裂口。最好与血管方向垂直夹住断端,钳夹组织要少,切不可做大块钳夹(图 5 - 23)。因大块结扎后将使组织坏死过多,术后全身和局部反应较大。埋在组织内的结扎线头,在不引起松脱的原则下剪得越短越好。丝线、棉线一般留 1~2 mm,但如果为较大血管的结扎,保留线头应稍长;肠线保留 3~4 mm;不

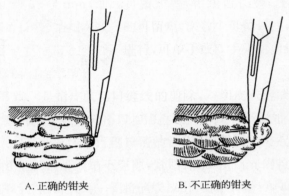

A. 正确的钳夹　　　　　B. 不正确的钳夹

图 5 - 23　钳夹结扎组织

锈钢丝保留 5～6 mm，并应将"线头"扭转，埋入组织中；皮肤缝合后的结扎线的线头留 1 cm，以便拆线。

（8）打结时，要选择质量好的粗细合适的线。结扎前将线用盐水浸湿，因线湿后能增加线间的摩擦力，增加拉力干线易断。

五、缝合

缝合是将已经切开或外伤断裂的组织、器官进行对合或重建其通道，恢复其功能，是保证良好愈合的基本条件，也是重要的外科手术基本操作技术之一。不同部位的组织器官需采用不同的方式方法进行缝合。缝合可以用持针钳进行，也可徒手直接拿直针进行，此外还有皮肤钉合器，消化道吻合器，闭合器等。

1. 缝合的基本步骤　以皮肤间断缝合为例说明缝合的步骤（如图 5 - 24）。

（1）进针：缝合时左手执有齿镊，提起皮肤边缘，右手执持针钳（执法见前），用腕臂力由外旋进，顺针的弧度刺入皮肤，经皮下从对侧切口皮缘穿出。

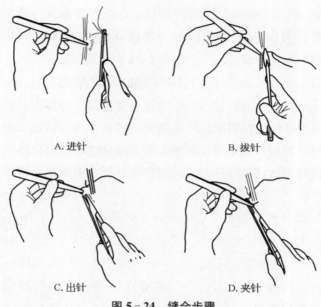

A. 进针　　　　　　　　　　B. 拔针

C. 出针　　　　　　　　　　D. 夹针

图 5-24　缝合步骤

（2）拔针：可用有齿镊顺针前端顺针的弧度外拔,同时持针器从针后部顺势前推。

（3）出针、夹针：当针要完全拔出时,阻力已很小,可松开持针器,单用镊子夹针继续外拔,持针器迅速转位再夹针体（后1/3弧处）,将针完全拔出,由第一助手打结,第二助手剪线,完成缝合步骤。

2. 缝合的基本原则

（1）要保证缝合创面或伤口的良好对合。缝合应分层进行,按组织的解剖层次进行缝合,使组织层次严密,不要卷入或缝入其他组织,不要留残腔,防止积液、积血及感染。缝合的创缘距及针间距必须均匀一致,这样看起来美观,更重要的是,受力及分担的张力一致并且缝合严密,不至于发生泄漏。

（2）注意缝合处的张力。结扎缝合线的松紧度应以切口边缘紧密相接为准，不宜过紧，换言之，切口愈合的早晚、好坏并不与紧密程度完全成正比，过紧、过松均可导致愈合不良。伤口有张力时应进行减张缝合，伤口如缺损过大，可考虑行转移皮瓣修复或皮片移植。

（3）缝合线和缝合针的选择要适宜。无菌切口或污染较轻的伤口在清创和消毒清洗处理后可选用丝线，已感染或污染严重的伤口可选用可吸收缝线，血管的吻合应选择相应型号的无损伤针线。

3. 缝合的分类及常用的缝合方法介绍　缝合的方法很多，目前尚无统一的分类方法。按组织的对合关系分为单纯缝合、外翻缝合、内翻缝合三类，每一类中又按缝合时缝线的连续与否分为间断和连续缝合两种，按缝线与缝合时组织间的位置关系分为水平缝合、垂直缝合，有时则将上述几种情况结合取名，按缝合时的形态分为荷包缝合、半荷包缝合、U 字缝合、8字缝合、T 字缝合、Y 形缝合等。另外还有用于特别目的所做的缝合，如减张缝合、皮内缝合、缝合止血等。常见缝合方法简介如下。

（1）单纯缝合法：使切口创缘的两侧直接对合的一类缝合方法，如皮肤缝合。

1）单纯间断缝合（interrupted suture）：操作简单，应用最多，每缝一针单独打结，多用在皮肤、皮下组织、肌肉、腱膜的缝合，尤其适用于有感染的创口缝合（如图 5 - 25）。

2）连续缝合法（continous suture）：在第一针缝合后打结，继而用该缝线缝合整个创口，结束前的一针，将重线尾拉出留在对侧，形成双线与重线尾打结（如图 5 - 26）。

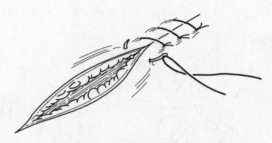

图 5-25 单纯间断缝合

图 5-26 连续缝合法

3) 连续锁边缝合法(lock suture):操作省时,止血效果好,缝合过程中每次将线交错,多用于胃肠道断端的关闭,皮肤移植时的缝合(如图 5-27)。

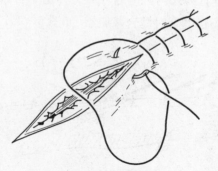

图 5-27 连续锁边缝合法

4）8字缝合：由两个间断缝合组成，缝扎牢固省时，如筋膜的缝合（如图5-28）。

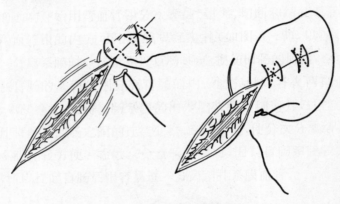

图5-28　两种8字缝合法

5）贯穿缝合法：也称缝扎法或缝合止血法，此法多用于钳夹的组织较多，单纯结扎有困难或线结容易脱落时。常有两种，方法如前述。

（2）内翻缝合法：使创缘部分组织内翻，外面保持平滑，如胃肠道吻合和膀胱的缝合。

1）间断垂直褥式内翻缝合法：又称伦字特（lembert）缝合法，常用于胃肠道吻合时缝合浆肌层（如图5-29）。

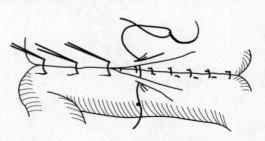

图5-29　间断垂直褥式内翻缝合法

2）间断水平褥式内翻缝合法：又称何尔斯得（halsted）缝合法，多用于胃肠道浆肌层缝合（如图 5 - 30）。

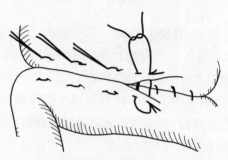

图 5 - 30　间断水平褥式内翻缝合法

3）连续水平褥式浆肌层内翻缝合法：又称库兴氏（cushing）缝合法，如胃肠道浆肌层缝合（如图 5 - 31）。

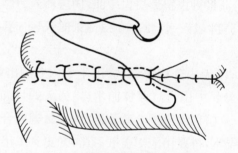

图 5 - 31　连续水平褥式浆肌层内翻缝合法

4）连续全层水平褥式内翻缝合法：又称康乃尔（connells）缝合法，如胃肠道全层缝合（如图 5 - 32）。

5）荷包缝合法：在组织表面以环形连续缝合一周，结扎时将中心内翻包埋，表面光滑，有利于愈合。常用于胃肠道小切口或针眼的关闭、阑尾残端的包埋、造瘘管在器官的固定等（如图 5 - 33）。

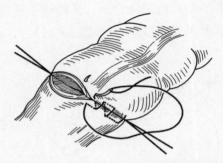

图 5－32　连续水平褥式全层内翻缝合法

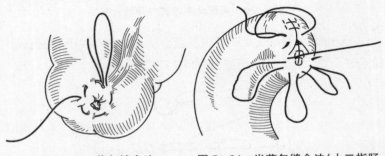

图 5－33　荷包缝合法　　图 5－34　半荷包缝合法（十二指肠
残端下角包埋）

6）半荷包缝合法：常用于十二指肠残角部、胃残端角部的
包埋内翻等（如图 5－34）。

（3）外翻缝合法：使创缘外翻，被缝合或吻合的空腔之内
面保持光滑，如血管的缝合或吻合。

1）间断垂直褥式外翻缝合法（horizontal mattress suture）：
如松弛皮肤的缝合（如图 5－35）。

2）间断水平褥式外翻缝合法（vertical mattress suture）：
如皮肤缝合（如图 5－36）。

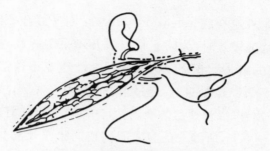

图 5‑35　间断垂直褥式外翻缝合法

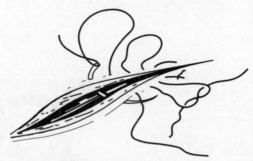

图 5‑36　间断水平褥式外翻缝合法

3）连续水平褥式外翻缝合法：多用于血管壁吻合(如图5‑37)。

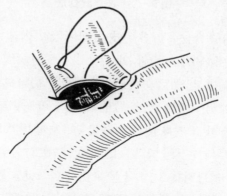

图 5‑37　连续水平褥式外翻缝合法

（4）减张缝合法（retension suture）：对于缝合处组织张力大，全身情况较差时，为防止切口裂开可采用此法，主要用于腹壁切口的减张。缝合线选用较粗的丝线或不锈钢丝，在距离创缘 2～2.5 cm 处进针，经过腹直肌后鞘与腹膜之间均由腹内向皮外出针，以保层次的准确性，亦可避免损伤脏器。缝合间距离 3～4 cm，所缝合的腹直肌鞘或筋膜应较皮肤稍宽，使其承受更多的切口张力，结扎前将缝线穿过一段橡皮管或纱布做的枕垫，以防皮肤被割裂，结扎时切勿过紧，以免影响血运（如图 5 - 38）。

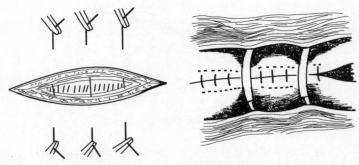

图 5 - 38　减张缝合法

（5）皮内缝合法：可分为皮内间断及皮内连续缝合两种，皮内缝合应用眼科小三角针、小持针钳及 0 号丝线。缝合要领：从切口的一端进针，然后交替经过两侧切口边缘的皮内穿过，一直缝到切口的另一端穿出，最后抽紧，两端可做蝴蝶结或纱布小球垫。常用于外露皮肤切口的缝合，如颈部甲状腺手术切口。其缝合的好坏与皮下组织缝合的密度、层次对合有关。如切口张力大，皮下缝合对拢欠佳，不应采用此法。此法缝合的优点是对合好，拆线早，愈合瘢痕小，美观（如图 5 - 39，图 5 - 40）。

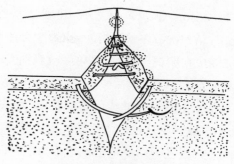

图 5 - 39　皮内间断缝合

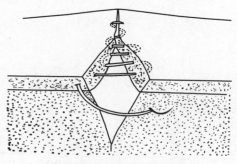

图 5 - 40　皮内连续缝合

随着科学技术的不断发展，除缝合法外，尚有其他的一些闭合创口的方法，如吻合器、封闭器、医用粘胶、皮肤拉链等。

五、剪线、拆线

1. 剪线　是将缝合或结扎后残留的缝线剪除，一般由助手操作完成。正确的剪线方法是手术者结扎完毕后，将双线尾提起略偏向手术者的左侧，助手将剪刀微张开，顺线尾向下滑动至线结的上缘，再将剪刀向上倾斜 45°左右，然后将线剪断。为了防止结扣松开，须在结扣外留一段线头，丝线留 1～2 mm，肠线及尼龙线留 3~4 mm,细线可留短些,粗线留长些,浅部留短些,深部留长些,结扣次数多的可留短,次数少可留长些,重要部位应留长。剪线应在明视下进行,可单手或双手完成剪线动作。具体可参阅前面章节。

2. 拆线　是指皮肤切口缝线的剪除,一切皮肤缝线均为异物,不论愈合伤口或感染伤口均需拆线。拆线的步骤如下。

按一般换药方法进行创口清洁消毒后,用镊子夹起线头轻轻提起,用剪刀插进线结下空隙,紧贴针眼,从由皮内拉出的部分将线剪断。向拆线的一侧将缝线拉出,动作要轻巧,如向对侧硬拉可能使创口拉开,且患者有疼痛感,再次清洗伤口后覆盖创面(如图 5 - 41)。

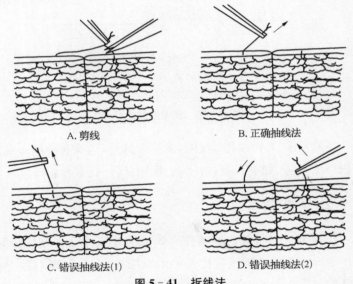

A. 剪线　　　　　　　　　　B. 正确抽线法

C. 错误抽线法(1)　　　　　D. 错误抽线法(2)

图 5 - 41　拆线法

3. 拆线的时间　原则上应早期,以减少针眼炎症反应,改善局部血液循环。拆线的早晚应考虑以下几点:① 切口部位以及各部位血液循环情况。② 切口的大小、张力。③ 全身一般情况、营养状况。④ 年龄等。如无特殊情况,可按一般规定拆线,日期为:① 头面颈 4～5 日。② 下腹部、会阴部 6～7 日。③ 胸部、上腹部、背部、臀部 7～9 日。④ 四肢 10～12 日(近关节处可适当延长)、减张缝合后 14 日拆线。肠线可以不拆,待其自行吸收脱落。有时可根据情况采用间隔拆线。对于已经感染化脓的伤口应及早部分拆线或全拆线,及时换药处理。拆线后如发现愈合不良而有裂开的可能,则可用蝶形胶布将伤口固定,并以绷带包扎。

第六章

动物手术操作实训

一、离体动物肠端端吻合术

1. 目的　在离体动物肠上学习肠端端吻合术的基本操作方法。

2. 操作要求　掌握胃肠道缝合的两种方法,间断全层内翻缝合和间断浆肌层内翻缝合。

3. 操作步骤

(1) 以两把无损伤肠钳于距断端 3～4 cm 处夹持两离体动物肠,靠拢肠钳使两断端对齐。肠钳夹持小肠时方向应一致,并使小肠肠系膜缘对肠系膜缘,勿使肠扭转。

(2) 肠吻合有多种缝合方式,不同缝合方式的区别主要在于缝合层次的不同,但它们共同的要求是吻合处肠壁内翻和浆膜对合,防止肠壁黏膜外翻而影响愈合。以下介绍常用的两层缝合法,内层采用全层间断内翻缝合,外层采用浆肌层间断内翻缝合。

(3) 于肠系膜缘和系膜对侧缘距肠切缘 0.5 cm 处各做一针肠管浆肌层对合缝合,暂不打结,作为牵引线。

(4) 先行后壁浆肌层间断内翻缝合(垂直褥式内翻,Lembert缝合)(如图 6-1)。

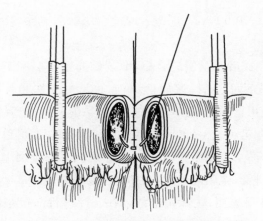

图 6 - 1　后壁浆肌层间断内翻缝合

（5）后壁全层间断内翻缝合（如图 6 - 2），自一端肠管黏膜面进针，浆膜面出针，再从另一端肠管浆膜面进针，黏膜面出针，结扣打在肠腔内面。浆膜面进针点距离切缘约 0.3 cm，黏膜面稍靠近切缘，使浆膜多缝而黏膜少缝，以使黏膜面对拢而浆膜面内翻，利于肠管愈合。自上而下依次做间断内翻缝合，两针之间

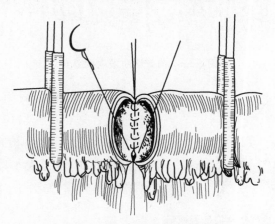

图 6 - 2　后壁全层间断内翻缝合

针距为 0.3～0.5 cm,全层缝合时缝合层次应确实,切勿漏缝某一层次。

(6) 完成后壁全层缝合后,继续做前壁全层间断缝合。从一端肠管黏膜面进针,浆膜面出针,再从另一端肠管浆膜面进针,黏膜面出针,结扣打在肠腔内面。每缝一针就剪线,再缝下一针打结便可将上一针的线结包在肠腔里面。亦可单纯全层间断对合缝合,从一端肠管前壁的浆膜面进针,黏膜面出针和另一端黏膜面进针,浆膜面出针,结扣打在肠腔外面。

(7) 松开肠钳,去除牵引线,剪去缝线,行前壁浆肌层间断垂直褥式内翻缝合(如图 6-3)。

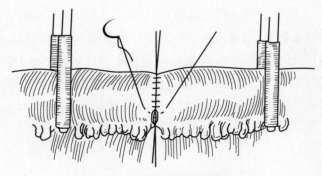

图 6-3   前壁浆肌层内翻缝合

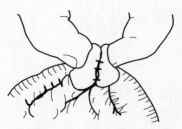

(8) 全部缝完后剪去缝线,检查缝合是否严密均匀,有欠严密处加针使之牢靠。检查吻合口是否通畅,吻合口大小以能通过拇指末节为宜(如图 6-4)。

图 6-4   检查吻合口是否通畅

二、狗盲肠切除术(仿人体阑尾切除术)

1. 目的

(1) 通过学习狗盲肠部分切除术,了解人体阑尾切除术的大体过程。

(2) 进一步强化切开、止血、结扎、缝合和学会荷包缝合。

2. 操作要求

(1) 掌握正确的无菌操作技术。

(2) 掌握开腹和关腹的手术操作方法。

(3) 熟练切开、止血、结扎、缝合和学会荷包缝合。

(4) 通过动物盲肠部分切除了解人体阑尾切除术的手术步骤。

3. 操作步骤

(1) 麻醉成功后将动物仰卧平放和绑缚在手术台上,剃去腹部的毛。用 2.5%的碘酊和 75%的乙醇常规消毒、铺无菌巾,用布巾钳固定,加盖孔巾或剖腹巾。

(2) 做右上腹腹直肌旁或经腹直肌切口,切开皮肤、皮下组织长约 10 cm,显露腹直肌前鞘,出血点用直血管钳钳夹或 1 号丝线结扎止血。切口两侧垫好消毒巾护皮并用布巾钳固定,避免皮肤毛囊的细菌污染切口。在腹直肌前鞘做一个小切口,用中号血管钳将其与腹直肌分离,并用组织剪向上、下延伸剪开,使与皮肤切口等长,不易剪开处可以用手术刀切开。家兔开腹较为简单,皮下出血也较少,故此可以用手术刀一直切至腹膜层(如图 6-5)。

(3) 将腹直肌推向内侧,结扎切断在切口内进入腹直肌的血管或沿腹直肌的肌纤维方向用刀柄分开,暴露腹直肌后鞘及腹膜。

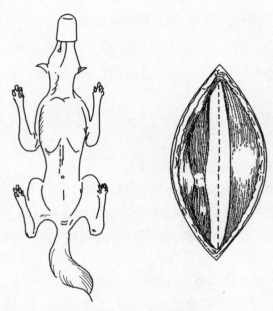

图 6-5　腹直肌分离切口

注：虚线表示切口。

（4）用两把血管钳沿横轴线对向交替钳夹提起后鞘和腹膜，检查确定没有内脏被钳夹时，用手术刀切开一小口（如图6-6）。术者和第一助手各持一把弯血管钳夹持对侧腹膜切口边缘，将其提起，用组织剪纵向剪开腹膜，剪开腹膜时，可用长镊子或左手示指和中指插入腹腔，沿切口平行方向将内脏向深面推挤，以免在用剪刀于镊子臂之间或指间剪开腹膜时损伤内脏（如图6-7）。

（5）护皮：术者左手托着护皮巾使其边缘靠近对侧切缘，并伸入腹腔下压内脏，右手用有齿镊提起腹膜及后鞘，助手左手持有齿镊夹持护皮巾边缘，并使之靠近腹膜和后鞘，右手用组织

图 6-6　钳夹提取腹膜切口

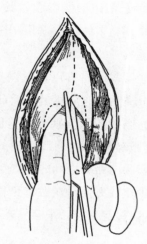

图 6-7　剪开腹膜

钳将护皮巾边缘固定于腹膜和后鞘上,助手与术者更换动作同法完成另一侧的护皮,以避免腹腔内的液体污染皮下组织,导致切口感染。

(6) 显露盲肠:打开腹腔后用腹腔拉钩将右侧腹壁切缘拉向右侧,暴露右上腹寻找盲肠。盲肠位于右上腹偏中,在肋与脊柱之间,十二指肠和胰腺右支的腹侧,回肠与结肠的交界处,长约 12 cm,呈卷曲状,借系膜与回肠相连,其颈部变细,远端开口于结肠的起始部,远端呈逐渐变尖的盲端,多呈淡蓝色。寻找盲肠的方法:将大网膜上翻并推向左上方,在其基部腹腔找寻盲肠。将右上腹最外侧紧靠侧壁的一段自头端向尾端走行的十二指肠提起,提到一定程度时即可见到盲肠位于十二指肠环内胰腺右支的腹面。如果不能迅速找到十二指肠,则可顺看胃的幽门窦将十二指肠提出即可找到盲肠。

(7) 分离和结扎盲肠系膜和血管:找到盲肠后,用血管钳夹住盲肠系膜边缘,提起盲肠,拉出到腹腔外面,充分暴露整个盲肠及其周围的结构,周围用盐水纱布垫好保护组织,从盲肠系膜的远端开始用弯血管钳分次穿破、钳夹、切断和结扎系膜,在远侧血管钳的内方可用丝线贯穿缝扎(如图 6-8),以控制出血。分离系膜时应尽量靠近盲肠,避免损伤回肠的血运,也可以先在盲肠的基部分别分离盲肠的内、外侧动脉,各夹两把血管钳,离断缝扎,再将盲肠系膜的内外侧浆膜仔细剪开,这样就可以使盲肠与回肠之间的连接变松、距离变宽,使分次分离结扎盲肠系膜比较方便。在做家兔盲肠切除时,因其盲肠系膜较为游离,所以提起盲肠后很容易逐一分离结扎系膜血管。

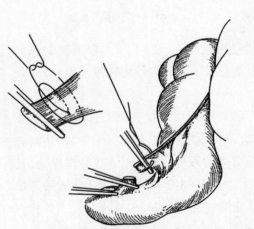
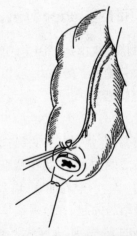

图 6-8　分离结扎盲肠系膜　　　　图 6-9　盲肠残端荷包缝合

(8)结扎盲肠及荷包缝合:于盲肠根部先用直血管钳轻轻钳夹挤压,再用 7 号丝线在压痕处结扎,用蚊式血管钳夹住线结后剪去多余的线尾。在缚线近侧 0.5 cm 处用细丝线环绕盲肠做盲肠浆肌层的荷包缝合(如图 6-9)。做荷包缝合时缝针只穿透浆膜层和肌层,而不穿透肠腔,同时宜将荷包缝合在结肠上,使荷包一侧的边缘正好位于结、回肠交界处,以防残端包埋后阻塞回肠通道。

(9)切除盲肠:盲肠周围用湿纱布垫好,以免切除盲肠时其内容物流入腹腔和涂擦石炭酸时溅到他处。在缚线远侧0.3～0.5 cm处用有齿直血管钳或普通的直血管钳钳夹盲肠,紧贴直血管钳,用手术刀切除盲肠。盲肠残端顺次用棉签蘸纯石炭酸、70%乙醇和盐水涂擦消毒和破坏盲肠残端黏膜,以防止术后因黏膜继续分泌液体而形成囊肿(注意:石炭酸涂于残端黏膜内面,切勿溅到他处引起组织坏死,乙醇和盐水则由残端周边向中心涂擦)。

(10)埋入残端:术者一手将夹持盲肠缚线线结的蚊式血管钳向荷包缝内推进,另一手用长镊子将荷包旁边的结肠提起使盲肠的残端埋入荷包内,助手边提线尾边收紧荷包口,结扎荷包缝合。必要时可外加浆肌层8字缝合一针,将荷包缝线线结再包埋一次。

(11)取出腹腔内手术用物,清理腹腔内无活动性出血,清点器械、纱布、针线无误(与术前对数)后,用4号丝线做单纯间断或连续缝合腹膜及后鞘;间断缝合腹直肌前鞘0～1号丝线间断缝合皮下组织及皮肤,消毒并盖以无菌敷料,术毕。

三、狗脾脏切除术

1. 目的

(1)学习狗的脾脏切除术。

(2)了解脾脏的血供分布。

2. 操作要求

(1)熟练地进行切开、止血、结扎和缝合的操作。

（2）进一步熟悉做腹部切口的方法。

（3）学会处理大血管的方法。

3. 操作步骤

（1）麻醉成功后将动物仰卧平放和绑缚在手术台上，剃去腹部的毛。用2.5%的碘酊和75%的乙醇常规消毒、铺无菌巾，用布巾钳固定，加盖孔巾或剖腹巾。

（2）一般做左上腹经腹直径切口，也可根据情况选择左肋缘下斜切口，临床上体胖、脾脏巨大或可能有重度粘连者，还可选择胸腹联合切口。

（3）用盐水纱布垫将肠袢挡在腹腔的右下侧，将胃向右牵拉以显露胃脾韧带，在胃脾韧带无血管区切开一小口，然后剪开胃脾韧带，用血管钳钳夹血管后切断并结扎。如脾的上、下端有韧带牵连，亦可用血管钳夹住，在两钳间切断后结扎。

（4）将脾脏托到腹腔外，可见胃脾韧带为两层，其间有许多血管，脾动脉主干在韧带中央，较其他血管粗，可触及搏动，很容易辨认。用镊子提起脾动脉表面的腹膜，切开显露脾动脉，游离脾动脉约1 cm，先用两把血管钳夹住脾动脉，再在两钳间切断，用7号丝线双重结扎近侧脾动脉。脾动脉结扎后可见脾脏缺血、体积缩小。分离过程中应仔细操作，以免伤及脾静脉而出现大出血，如寻找脾动脉困难，也可放弃此步骤。

（5）将脾脏下极向左上方翻起，显露脾结肠韧带，钳夹切断并结扎（如图6-10）。

（6）术者右手伸入脾脏和膈肌之间，沿脾脏膈面钝性分离脾脏与膈肌及后腹膜之间的粘连，将脾脏轻轻翻向右侧，剪断脾肾韧带，握住脾上极向右前下方将脾托出切口外，此时应用盐水

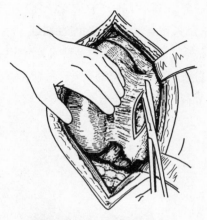

图 6 - 10　切断脾结肠韧带

纱布垫填入脾左后上方之脾窝,这样既可填塞止血,又可能支撑脾脏,防止其滑回腹腔。

（7）钳夹切断脾上极与胃底之间的脾胃韧带上段,结扎其中与胃短血管,注意不要损伤胃底（如图 6 - 11）。

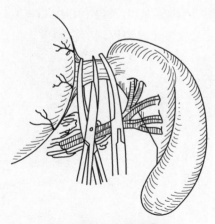

图 6 - 11　切断脾胃韧带

（8）脾脏完全游离后，将脾脏轻轻翻向右侧，显露脾门后方，用手指仔细分离脾蒂与胰尾之间的粘连。术者用左手示指和中指绕过脾蒂后方将其钩起，右手持大弯钳钳夹脾蒂，近端两把，远端一把，靠近远端弯钳切断脾蒂，移出脾脏、脾蒂断端，用粗丝线结扎后再行贯穿缝合结扎（如图 6 - 12）。

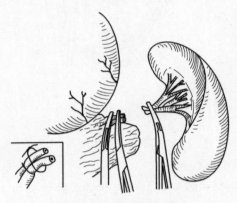

图 6 - 12　脾蒂的处理

（9）取出纱布垫，彻底止血，用温盐水冲洗手术腔，放置引流管，清点器械和纱布无误后逐层缝合腹壁。